Peter Zastrow

FORMELN

der Elektronik
der Radio- und Fernsehtechnik
der Nachrichtentechnik

10. Auflage

2007

(inhaltlich unveränderter Nachdruck 2013)

ISBN 978-3-936318-64-7

EPV Elektronik-Praktiker-Verlagsgesellschaft mbH
Duderstadt

Bibliografische Information der Deutschen Bibliothek:

Die Deutsche Bibliothek verzeichnet diese Publikation in der Deutschen Nationalbibliografie; detaillierte bibliografische Daten sind im Internet über http://dnb.ddb.de abrufbar.

ISBN 978-3-936318-64-7

EPV Elektronik-Praktiker-Verlagsgesellschaft mbH
Postfach 1163, D-37104 Duderstadt, Deutschland

Telefon: +49 (0) 05527 / 8405-0
Fax: +49 (0) 05527 / 8405-21
Web: www.epv-verlag.de
Email: info@epv-verlag.de

Herausgeber: Peter Zastrow, Bad Segeberg

Inhaltsverzeichnis

Rechtwinkliges Dreieck 5

Längen-, Flächen-, Körper- und Massenberechnungen 5

Mechanik 7
Kräfte 8
Arbeit 8

Elektrotechnische Grundlagen 9

Widerstandsschaltungen 11
Spannungsteiler 12
Umwandlung Dreieck- in Sternschaltung und umgekehrt 12

Spannungsquellen 13
Elektrolyse 14

Elektrisches Feld 14

Kondensator 14
Kondensator an Gleichspannung 15
Kondensator an Wechselspannung 16
Kondensatorschaltungen 17

Magnetisches Feld 18

Spule 19
Spule an Gleichspannung 19
Spule an Wechselspannung 20
Spulenschaltungen 20

Zusammenschaltung von Wirk- und Blindwiderständen 21
Umwandlung einer Reihen- in eine Parallelschaltung und umgekehrt 24

Schwingkreis 24

Passive Vierpole 26

Transformator 27

Leistung im Wechselstromkreis 29
Kompensation der Blindleistung 30

Wärme 30

Dioden und ihre Schaltungen 31
Gleichrichterschaltungen mit kapazitiver Belastung 31
Z-Diode 34
Kapazitätsdiode 34

Nichtlineare Widerstände 35

Optoelektronik 36

Bipolare Transistoren 37
Transistor-Grundschaltungen 38

Feldeffekttransistoren 40
FET-Grundschaltungen 41

Zuverlässigkeit von Bauelementen und Schaltungen 43

Netzgeräte 43

Verstärker 46
Wechelspannungsverstärker 46
Mehrstufige Verstärker 47
Leistungsverstärker 48
Gleichspannungsverstärker 49

Operationsverstärker 51

Leistungselektronik 54
Thyristor und Triac 54
Gesteuerte Gleichrichter 54
Phasenanschnittsteuerung 55
Schwingungspaketsteuerung 55

Elektronischer Schalter 56
Elektronischer Schalter mit Transistoren 56
Elektronischer Schalter mit TTL- und CMOS-Bausteinen 57

Kippschaltungen 58
Astabile Kippstufe 58
Monostabile Kippstufe 59
Bistabile Kippstufe 60
Schmitt-Trigger 61

Signalgeneratoren 62
Rechteckgeneratoren 62
Sägezahngenerator 64
Sinusgenerator 65
Funktionsgenerator 66

Rechnen mit Dualzahlen 67

Logische Schaltungen 68
NAND- und NOR-Glieder als universelle Bausteine 69

Schaltalgebra 70

Vereinfachung mit Hilfe von KV-Tafeln 71

Sequenzielle Schaltungen 72
Zähler 73

Datenübertragung 74
Übertragung über Lichtwellenleiter 75

Übertragungstechnik 76
Wellenwiderstand 76
Wellenausbreitung 77

Radio- und Fernsehtechnik 78
Modulation 78
Hf-Verstärker 79
Demodulator 80
Fernsehtechnik 81

Antennentechnik 82
Pegelrechnung einer Antennenanlage 82
Windlastberechnung 82
Pegelrechnung einer BK-Anlage 83

Elektroakustik 84
Lautsprecher-Frequenzweichen 84
100 V Normausgang 85

Fernmeldetechnik 85

Messtechnik 86
Messung von Widerständen, Kondensatoren und Spulen 87
Messung von Leistung und elektr. Arbeit 88
Oszilloskopen-Messtechnik 88
Frequenzmessung 89
Fehlerortbestimmung auf Leitungen 89

Anhang 90

Bezeichnung	Formel	Erläuterung
Rechtwinkliges Dreieck		
Satz des Pythagoras	$c^2 = a^2 + b^2$	a, b: Katheten c: Hypotenuse
Trigonometrische Funktionen 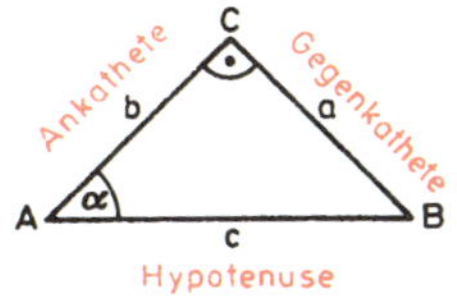	$\sin \alpha = \frac{a}{c}$ $\cos \alpha = \frac{b}{c}$ $\tan \alpha = \frac{a}{b}$	a: Gegenkathete b: Ankathete c: Hypotenuse α: Winkel
Längen-, Flächen-, Körper- und Massenberechnungen		
Rundspule **einlagige Wicklung** 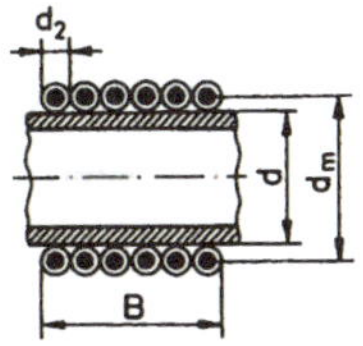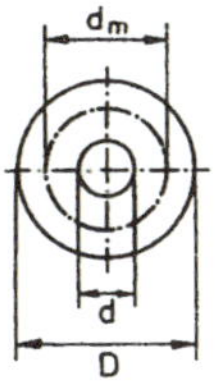	$l = d_m \cdot \pi \cdot N$ $B = d_2 \cdot N$ $d_m = \frac{D + d}{2}$ $l_m = \pi \cdot d_m$	l: Drahtlänge d_m: mittlerer Windungsdurchmesser N: Windungszahl B: Wickelbreite d_2: Drahtdurchmesser l_m: mittlere Windungslänge D: Außendurchmesser der gewickelten Spule
mehrlagige Wicklung 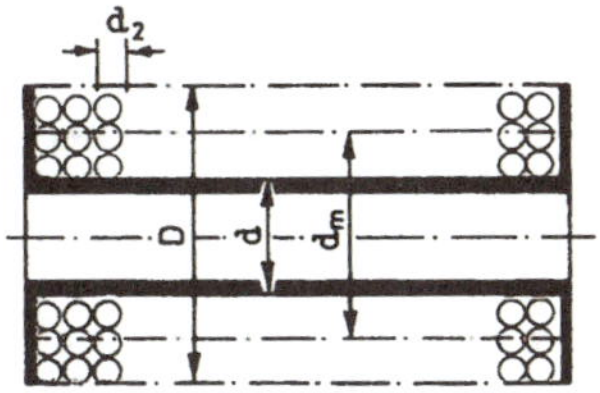	$l \approx \pi \cdot d_m \cdot N$ $N \approx N_1 \cdot z$ $z \approx \frac{D - d}{d_2}$	l: Drahtlänge d_m: mittlerer Windungsdurchmesser N: Windungszahl z: Lagenzahl d_2: Drahtdurchmesser N_1: Windungszahl pro Lage D: Außendurchdurchmesser der gewickelten Spule

Bezeichnung	Formel	Erläuterung
Quadrat 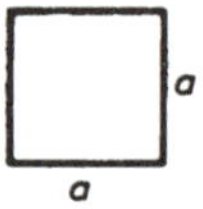	$A = a^2$ $U = 4a$	A: Fläche in m^2 U: Umfang in m n: Anzahl der Seiten
Rechteck 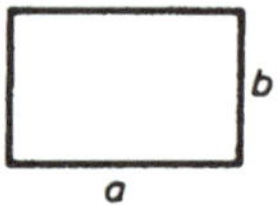	$A = a \cdot b$ $U = 2\,(a + b)$	a, b, c: Seiten in m
Parallelogramm 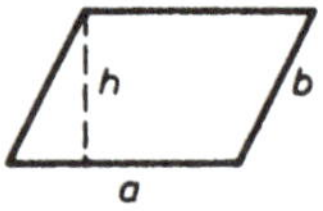	$A = a \cdot h$ $U = 2\,(a + b)$	h: Höhe in m
Dreieck 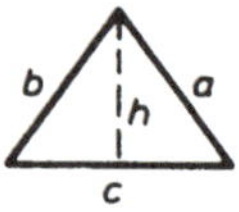	$A = \frac{c \cdot h}{2}$ $U = a + b + c$	
Trapez 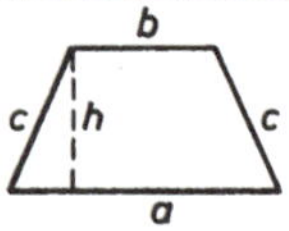	$A = \frac{a + b}{2} \cdot h$ $U = a + b + 2\,c$	
Vieleck 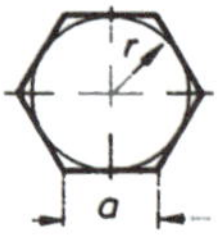	$A = \frac{a \cdot r \cdot n}{2}$ $U = a \cdot n$	r: Radius in m
Kreis	$A = \frac{d^2 \cdot \pi}{4}$ $U = d \cdot \pi$	d: Durchmesser in m
Kreisring 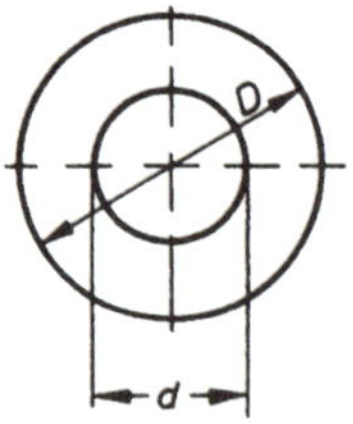	$A = \frac{\pi}{4}\,(D^2 - d^2)$ $U = D \cdot \pi + d \cdot \pi$	D: Außendurchmesser in m d: Innendurchmesser in m
Ellipse 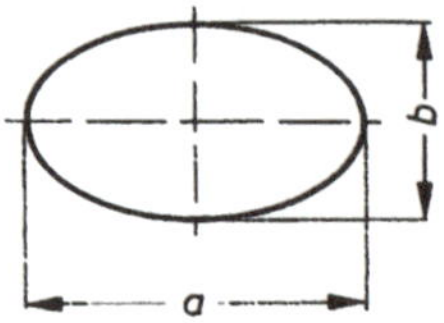	$A = \frac{a \cdot b \cdot \pi}{4}$ $U \approx \frac{a + b}{2} \cdot \pi$	

Bezeichnung	Formel	Erläuterung
Parallele Körper (Würfel, Prisma, Zylinder)	$V = A \cdot h$	V: Volumen in m^3 A: Grundfläche in m^2 h: Körperhöhe in m d: Durchmesser in m O: Oberfläche in m^2
Spitze Körper (Pyramide, Kegel)	$V = \frac{1}{3} A \cdot h$	
Kugel	$V = \frac{4}{3} \pi r^3 = \frac{\pi}{6} \cdot d^3$ $O = d^2 \cdot \pi$	
Masse	$m = V \cdot \rho$	m: Masse in kg V: Volumen in dm^3 ρ: spezifische Dichte in kg/dm^3 oder g/cm^3

Mechanik

Bewegung

Geschwindigkeit (Anfangs-geschwindigkeit $v_0 = 0$)	$v = \frac{\Delta s}{\Delta t}$ $v = a \cdot t$	v: Geschwindigkeit in m/s s: Weg in m t: Zeit in s a: Beschleunigung in m/s^2 Δs: Wegänderung in m Δt: Zeitänderung in s Δv: Geschwindigkeits-änderung in m/s v_0: Anfangsgeschwindigkeit in m/s
Beschleunigung	$a = \frac{\Delta v}{\Delta t}$	
beschleunigte Bewegung (Anfangs-geschwindigkeit $v_0 = 0$)	$s = \frac{v \cdot t}{2}$ $s = \frac{a \cdot t^2}{2}$	
freier Fall (Anfangs-geschwindigkeit $v_0 = 0$)	$v = \frac{h}{t}$ $v = g \cdot t$ $h = \frac{v \cdot t}{2}$ $h = \frac{g \cdot t^2}{2}$ $v = \sqrt{2 \cdot g \cdot h}$	v: Geschwindigkeit in m/s h: Fallhöhe in m t: Zeit in s g: Erdbeschleunigung $g = 9{,}81\ m/s^2$
Drehbewegung 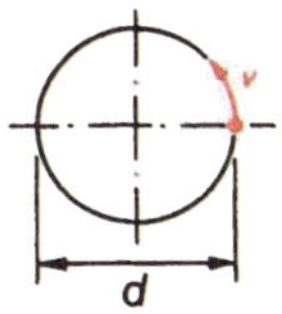 **Winkelgeschwindigkeit**	$v = d \cdot \pi \cdot n$ $\omega = 2 \cdot \pi \cdot n$	v: Geschwindigkeit in m/s d: Durchmesser in m n: Drehzahl in 1/s ω: Winkelgeschwindigkeit in 1/s

Bezeichnung	Formel	Erläuterung
	Kräfte	
Kraft Gewichtskraft	$F = m \cdot a$ $G = m \cdot g$	F; G: Kraft in N m: Masse in kg a: Beschleunigung in m/s^2 g: Erdbeschleunigung $g = 9{,}81\ m/s^2$
Kräfteaddition 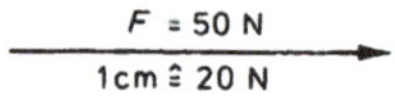		Kräfte werden durch Pfeile dargestellt. Pfeillänge ≙ Größe der Kraft Pfeilrichtung ≙ Kraftrichtung
Kräfte parallel 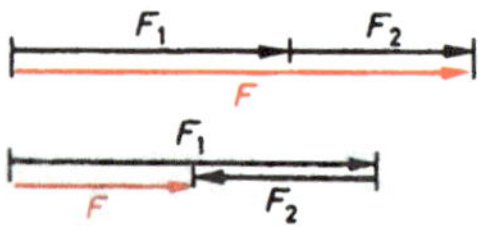	$F = F_1 + F_2$ $F = F_1 - F_2$	F_1; F_2: Einzelkräfte in N F: Gesamtkraft in N
Kräfte rechtwinklig 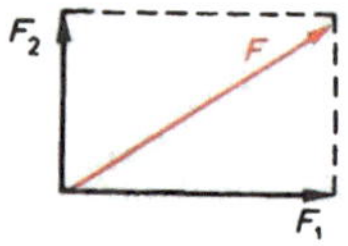	$F = \sqrt{F_1^2 + F_2^2}$	
Kräfte unter beliebigem Winkel 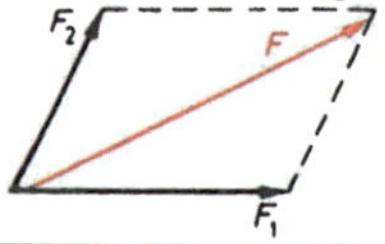		Zeichnerische Lösung durch Kräfteparallelogramm Rechnerische Lösung über Kräftezerlegung
	Arbeit	
Energie Ruheenergie (potentielle) Bewegungsenergie (kinetische)	$W = F \cdot s$ $W_P = G \cdot h = m \cdot g \cdot h$ $W_k = \frac{m \cdot v^2}{2} = \frac{G \cdot v^2}{2g}$ $v = \sqrt{2gh}$	W: Arbeit in Nm F: Kraft in N s: Weg in m W_P: potentielle Energie in J G: Gewichtskraft in N h: Hubhöhe in m m: Masse in kg
Leistung	$P = \frac{W}{t} = \frac{F \cdot s}{t} = F \cdot v$	g: Erdbeschleunigung in m/s^2 v: Geschwindigkeit in m/s P: Leistung in Nm/s = W
Wirkungsgrad	$\eta = \frac{P_{ab}}{P_{zu}}$	P_{ab}: abgegebene Leistung in Nm/s = W P_{zu}: zugeführte Leistung in Nm/s = W
Drehmoment	$M = F \cdot r$ $M = \frac{P}{\omega} = \frac{P}{2\pi \cdot n}$	M: Drehmoment in Nm r: Radius, Hebelarm in m

Umrechnungen:

$g = 9{,}81 \frac{m}{s^2}$; $1\ N = 1\ kg \frac{m}{s^2}$; $1\ J = 1\ Nm = 1 \frac{kg \cdot m^2}{s^2} = 1\ Ws$; $1\ W = 1 \frac{J}{s} = 1 \frac{Nm}{s}$

$1 \frac{m}{s} = 3{,}6 \frac{km}{h}$

Bezeichnung	Formel	Erläuterung
Elektrotechnische Grundlagen		
Wechselspannungsgrößen Sinus 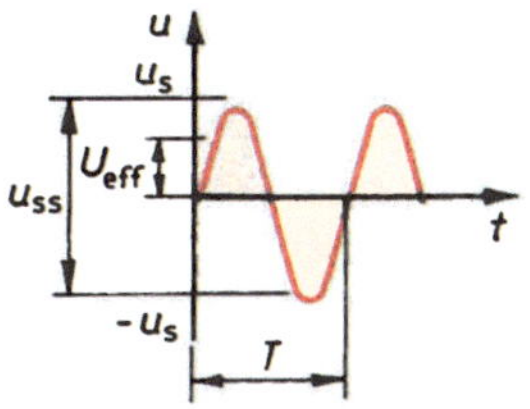	$U = \frac{1}{\sqrt{2}} \cdot u_s$ $U_{arith} = 0\,V$ $u = u_s \cdot \sin 2\pi \cdot f \cdot t$ $u = u_s \cdot \sin \omega t$ $\omega = 2\pi \cdot f$ $T = \frac{1}{f}$ $u_{ss} = 2 \cdot \sqrt{2} \cdot U$	U: Effektivwert in V U_{arith}: arithmetischer Mittelwert in V u: Augenblickswert in V u_s: Spitzenwert in V ω: Kreisfrequenz in 1/s f: Frequenz in Hz T: Periodendauer in s u_{ss}: Spitzen-Spitzen-Wert in V
Rechteck (symmetrisch) 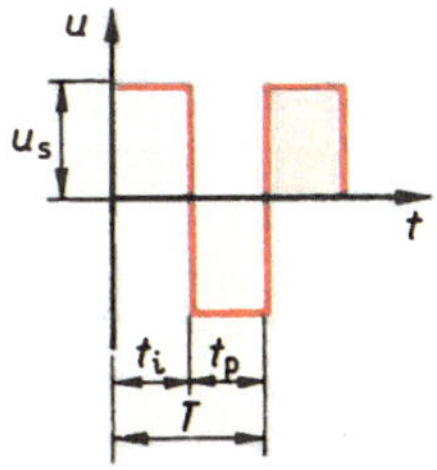	$U = u_s$ $U_{arith} = 0\,V$ $u = u_s$ oder $u = -u_s$ $T = \frac{1}{f}$ $T = t_i + t_p$ $t_i = t_p$ $g = \frac{t_i}{T} = 0{,}5$	t_i: Impulsdauer in s t_p: Pausendauer in s g: Tastgrad t_{an}: Anstiegszeit in s t_{ab}: Abfallzeit in s
Rechteckimpuls 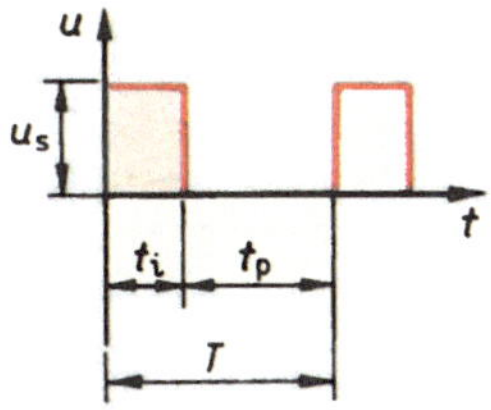	$U = u_s \cdot \sqrt{\frac{t_i}{T}}$ $U_{arith} = u_s \cdot \frac{t_i}{T}$ $u = u_s$ oder $u = 0\,V$ $T = \frac{1}{f}$ $T = t_i + t_p$ $g = \frac{t_i}{T}$	
Sägezahn (symmetrisch) 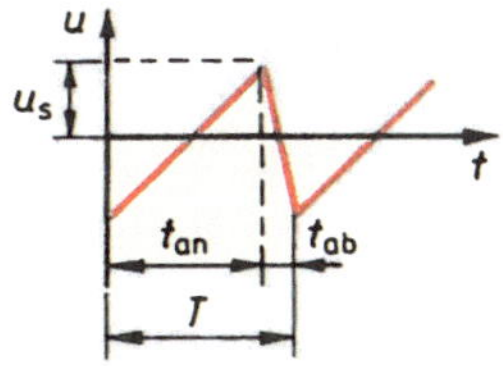	$U = \frac{1}{\sqrt{3}} u_s$ $U_{arith} = 0\,V$ $u = u_s \cdot \frac{t}{t_{an}}$ $T = \frac{1}{f}$ $T = t_{an} + t_{ab}$	

Bezeichnung	Formel	Erläuterung
Dreieck 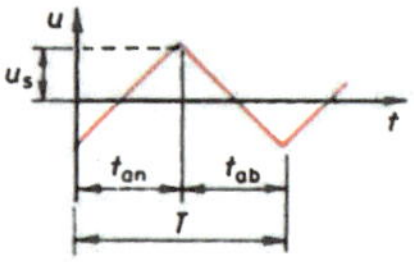 	$U = \frac{1}{\sqrt{3}} u_s$ $U_{arith} = 0\,V$ $u = u_s \cdot \frac{t}{t_{an}}$ $u = -u_s \cdot \frac{t}{t_{ab}}$ $T = \frac{1}{f}$ $T = t_{an} + t_{ab}$ $t_{an} = t_{ab}$	U: Effektivwert in V U_{arith}: arithmetischer Mittelwert in V u: Augenblickswert in V u_s: Spitzenwert in V t: Zeit in s t_{an}: Anstiegszeit in s t_{ab}: Abfallzeit in s T: Periodendauer in s f: Frequenz in Hz
Wellenlänge	$\lambda = \frac{v}{f} = v \cdot T$	λ: Wellenlänge in m f: Frequenz in Hz v: Ausbreitungsgeschwindigkeit in m/s T: Periodendauer in s
Stromdichte	$J = \frac{I}{S}$ $\left[\text{alt: } S = \frac{I}{A}\right]$	$J; S$: Stromdichte in A/mm² I: Stromstärke in A $S; A$: Querschnitt in mm² R: Widerstand in Ω G: Leitwert in S l: Drahtlänge in m ρ: spez. Widerstand in Ωmm²/m $\varkappa$: Leitfähigkeit in m/Ω mm² ΔR: Widerstandsänderung in Ω R_{20}: Kaltwiderstand bei 20 °C in Ω R_ϑ: Warmwiderstand in Ω α: Temperaturbeiwert in 1/K ΔT: Temperaturänderung in K ϑ_w: Endtemperatur in °C ϑ_k: Anfangstemperatur in °C P: Leistung in W W: elektr. Arbeit in Ws t: Zeit in s P_v: Verlustleistung in W P_{ab}: abgegebene Leistung in W P_{zu}: zugeführte Leistung in W
Leitwert	$G = \frac{1}{R}$	
Leitungswiderstand	$R = \frac{\rho \cdot l}{A} = \frac{l}{\varkappa \cdot A}$	
Widerstand und Temperatur	$\Delta R = \alpha \cdot R_{20} \cdot \Delta T$ $R_\vartheta = R_{20}(1 + \alpha \cdot \Delta T)$ $\Delta T = \vartheta_w - \vartheta_k$	
Ohmsches Gesetz	$I = \frac{U}{R}$ $R = \frac{U_{eff}}{I_{eff}} = \frac{u_s}{i_s} = \frac{u_{ss}}{i_{ss}}$	
Leistung	$P = U \cdot I = \frac{U^2}{R} = I^2 \cdot R$ $P = U_{eff} \cdot I_{eff} = \frac{u_s \cdot i_s}{2}$	
Arbeit	$W = P \cdot t$	
Wirkungsgrad	$\eta = \frac{P_{ab}}{P_{zu}}$; $P_{ab} = P_{zu} - P_v$	

Umrechnungen: $1\,\Omega = \frac{1\,V}{1\,A}$; $1\,W = 1\,V \cdot 1\,A = \frac{1\,V^2}{1\,\Omega} = 1\,A^2 \cdot 1\,\Omega$; $1\,Ws = 1\,J$

Bezeichnung	Formel	Erläuterung

Widerstandsschaltungen

Parallelschaltung

Bezeichnung	Formel	Erläuterung
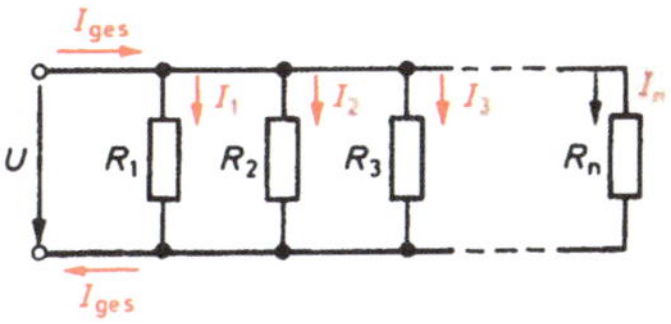	$U_{ges} = U$ $I_{ges} = I_1 + I_2 + I_3 + \ldots + I_n$ $G_{ges} = G_1 + G_2 + G_3 + \ldots G_n$ $R_{ges} = \dfrac{1}{\frac{1}{R_1} + \frac{1}{R_2} + \frac{1}{R_3} + \ldots + \frac{1}{R_n}}$ zwei Widerstände $R_{ges} = \dfrac{R_1 \cdot R_2}{R_1 + R_2}$ n gleiche Widerstände $R_{ges} = \dfrac{R}{n}$ $P_{ges} = P_1 + P_2 + P_3 + \ldots + P_n$ $\dfrac{I_1}{I_2} = \dfrac{R_2}{R_1} = \dfrac{P_1}{P_2}$	
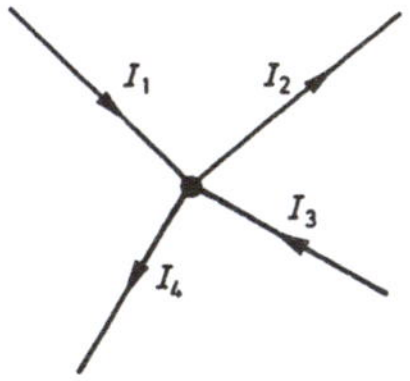 **1. Kirchhoffsches Gesetz** (Knotenregel)	$\Sigma I_{zu} = \Sigma I_{ab}$ $I_1 + I_3 = I_2 + I_4$	Σ: Summe aller . . . I_{zu}: zufließender Strom in A I_{ab}: abfließender Strom in A

Reihenschaltung

Bezeichnung	Formel	Erläuterung
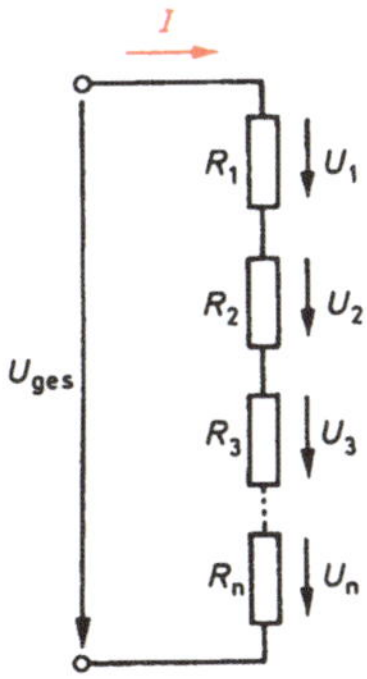	$U_{ges} = U_1 + U_2 + \ldots + U_n$ $I_{ges} = I$ $G_{ges} = \dfrac{1}{\frac{1}{G_1} + \frac{1}{G_2} + \frac{1}{G_3} + \ldots + \frac{1}{G_n}}$ $R_{ges} = R_1 + R_2 + \ldots + R_n$ n gleiche Widerstände $R_{ges} = n \cdot R$ $P_{ges} = P_1 + P_2 + P_3 + \ldots + P_n$ $\dfrac{U_1}{U_2} = \dfrac{R_1}{R_2} = \dfrac{P_1}{P_2}$	
2. Kirchhoffsches Gesetz (Maschenregel)	$\Sigma U = 0$ $U_1 + U_2 + U_3 - U_{ges} = 0$	

Bezeichnung	Formel	Erläuterung

Spannungsteiler

unbelastet

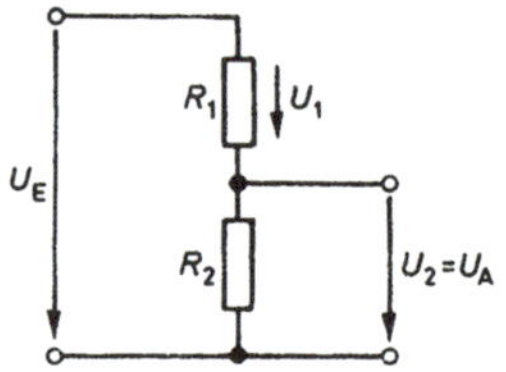

$$\frac{U_1}{U_A} = \frac{R_1}{R_2}$$

$$U_A = U_E \frac{R_2}{R_1 + R_2}$$

belastet

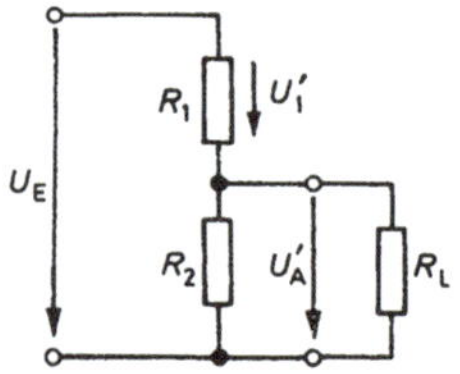

$$\frac{U_1'}{U_A'} = \frac{R_1}{R_E}$$

$$U_A' = U_E \frac{R_E}{R_1 + R_E}$$

$$R_E = \frac{R_2 \cdot R_L}{R_2 + R_L}$$

U_E: Eingangsspannung in V
U_A: Ausgangsspannung in V
R_L: Lastwiderstand in Ω
R_E: Ersatzwiderstand in Ω

Brückenschaltung

abgeglichen

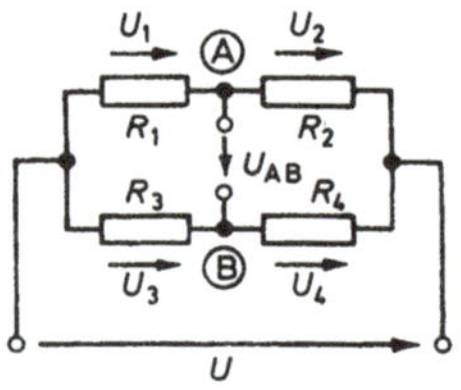

Abgleichbedingung

$$U_{AB} = 0\,\text{V}$$

$$\frac{U_1}{U_2} = \frac{U_3}{U_4}$$

$$\frac{R_1}{R_2} = \frac{R_3}{R_4}$$

Umwandlung Dreieck- in Sternschaltung und umgekehrt

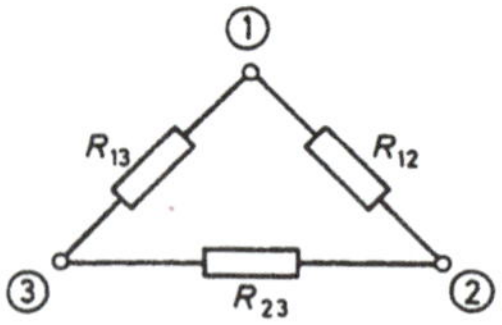

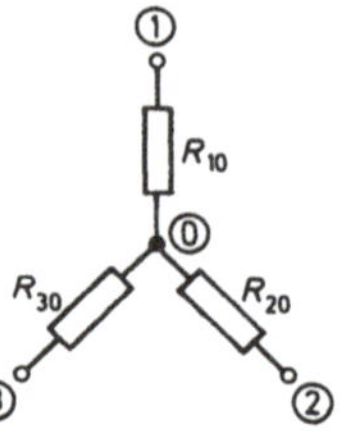

$$R_{10} = \frac{R_{12} \cdot R_{13}}{\Sigma R}$$

$$R_{20} = \frac{R_{12} \cdot R_{23}}{\Sigma R}$$

$$R_{30} = \frac{R_{13} \cdot R_{23}}{\Sigma R}$$

$$R_{12} = \frac{R_{10} \cdot R_{20}}{R_{30}} + R_{10} + R_{20}$$

$$R_{13} = \frac{R_{10} \cdot R_{30}}{R_{20}} + R_{10} + R_{30}$$

$$R_{23} = \frac{R_{20} \cdot R_{30}}{R_{10}} + R_{20} + R_{30}$$

R_{12}, R_{23}, R_{13}: Widerstände in Dreieckschaltung in Ω
R_{10}, R_{20}, R_{30}: Widerstände in Sternschaltung in Ω
ΣR: Summe der Widerstandswerte der Dreieckschaltung in Ω

Bezeichnung	Formel	Erläuterung
Spannungsquellen		
Klemmenspannung	$U_k = U_0 - I \cdot R_i$	U_k: Klemmenspannung in V U_0: Leerlaufspannung in V I: Laststrom in A R_i: Innenwiderstand in Ω Q: Kapazität in Ah I_m: mittlerer Entladestrom in A t: Zeit in h η_{Ah}: Ladungswirkungsgrad dimensionslos I_E: Entladestrom in A t_E: Entladezeit in h I_L: Ladestrom in A t_L: Ladezeit in h
Kapazität einer Spannungsquelle	$Q = I_m \cdot t$	
Ladungswirkungsgrad	$\eta_{Ah} = \frac{I_E \cdot t_E}{I_L \cdot t_L}$	
belastete Spannungsquelle 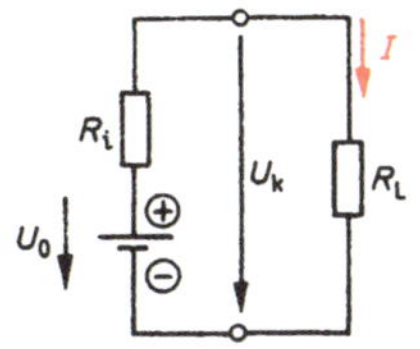	$U_k = U_0 - I \cdot R_i$ $U_k = U_0 \cdot \frac{R_L}{R_i + R_L}$ $I = \frac{U_0}{R_i + R_L}$ $R_i = \frac{\Delta U_k}{\Delta I}$ $I_k = \frac{U_0}{R_i}$	
Leerlauf $R_L = \infty$	$U_k = U_0$; $I = 0$; $P = 0$	U_k: Klemmenspannung in V U_0: Leerlaufspannung in V I: Laststrom in A R_i: Innenwiderstand in Ω R_L: Lastwiderstand in Ω I_k: Kurzschlußstrom in A P: abgeg. Leistung in W P_{max}: maximale Leistung in W
Kurzschluß $R_L = 0$	$U_k = 0$; $I = I_k$; $P = 0$	
Leistungsanpassung $R_L = R_i$	$U_k = \frac{U_0}{2}$; $I = \frac{I_k}{2}$; $P = P_{max}$ $P_{max} = \frac{U_0^2}{4 \cdot R_i}$	
Reihenschaltung von Spannungsquellen 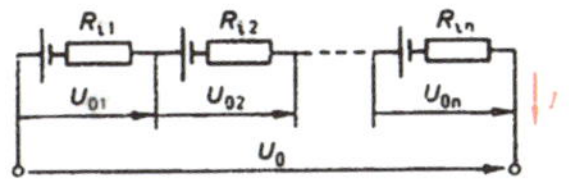	$U_0 = U_{01} + U_{02} + \ldots + U_{0n}$ $R_i = R_{i1} + R_{i2} + \ldots + R_{in}$ $I = I_1 = I_2 = \ldots = I_n$	U_0: Gesamtleerlaufspannung in V U_{0n}: Einzelleerlaufspannung in V R_i: Gesamtinnenwiderstand in Ω R_{in}: Einzelinnenwiderstand in Ω n: Anzahl der Quellen
Parallelschaltung von Spannungsquellen 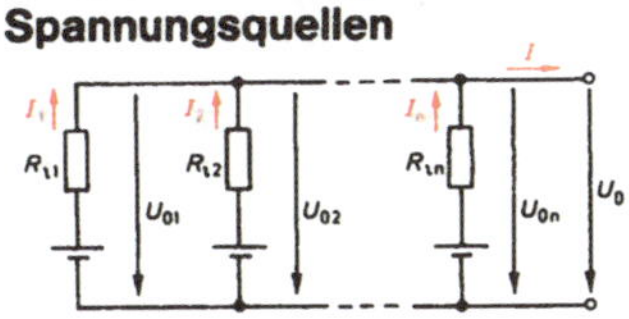	$U_0 = U_{01} = U_{02} = \ldots = U_{0n}$ $I = I_1 + I_2 + \ldots + I_n$ $R_i = \frac{R_{i1}}{n}$ $\frac{1}{R_i} = \frac{1}{R_{i1}} + \frac{1}{R_{i2}} + \ldots + \frac{1}{R_{in}}$	
Gruppenschaltung von Spannungsquellen	$I = \frac{n U_0}{\frac{nR_i}{m} + R_L}$	U_0: Leerlaufspannung eines Elements in V n: Zahl der in Reihe geschalteten Gruppen m: Zahl der in jeder Gruppe parallelgeschalteten Elemente R_L: Lastwiderstand in Ω

Bezeichnung	Formel	Erläuterung
Elektrolyse	$m = a \cdot I \cdot t$	*m*: Stoffmenge in mg *a*: elektrochemisches Äquivalent in mg/As *I*: Strom in A *t*: Zeit in s

Elektrisches Feld

<table>
<tr><td>Kraft auf eine Ladung</td><td>$F = Q \cdot E$</td><td rowspan="3">F: Kraft in N
Q: Ladung in C = As
E: elektr. Feldstärke in V/m
W: Energie in J = Ws
s: Weg in m
U: Spannung in V
l: Plattenabstand in m</td></tr>
<tr><td>Energie einer Ladung</td><td>$W = F \cdot s = Q \cdot E \cdot s$</td></tr>
<tr><td>elektr. Feldstärke
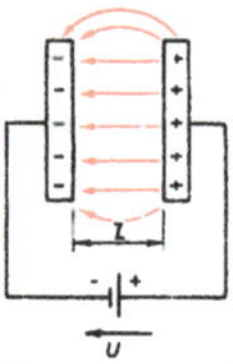
</td><td>$E = \frac{U}{l}$</td></tr>
<tr><td>Ladungsmenge</td><td>$Q = C \cdot U$
$Q = I \cdot t$</td><td rowspan="2">C: Kapazität in F
I: Strom in A
t: Zeit in s
W: Energie in J = Ws</td></tr>
<tr><td>Energie des elektr. Feldes</td><td>$W = \frac{Q \cdot U}{2}$
$W = \frac{C \cdot U^2}{2}$</td></tr>
</table>

Kondensator

<table>
<tr><td>Kapazität
Plattenkondensator</td><td>$C = \varepsilon_0 \cdot \varepsilon_r \cdot \frac{A}{l}$</td><td rowspan="3">C: Kapazität in F
ε_0: Dielektrizitätskonstante
$\varepsilon_0 = 8{,}85 \cdot 10^{-12} \frac{As}{Vm}$
ε_r: Dielektrizitätszahl dimensionslos
A: Plattenoberfläche in m²
l: Plattenabstand in m
n: Anzahl der Platten
h: Länge in m
r_a: Außenradius in m
r_i: Innenradius in m
ln: natürlicher Logarithmus</td></tr>
<tr><td>Mehrplattenkondensator

</td><td>$C_n = C \cdot (n - 1)$</td></tr>
<tr><td>Zylinderkondensator
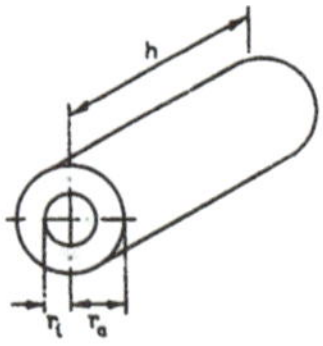
</td><td>$C = \varepsilon_0 \cdot \varepsilon_r \frac{2\pi \cdot h}{\ln \frac{r_a}{r_i}}$</td></tr>
</table>

Umrechnungen:

$1\,C = 1\,As$; $1\,J = 1\,V \cdot 1\,C = 1\,V \cdot 1\,As = 1\,Ws = 1\,Nm$; $1\,F = 1 \frac{A \cdot s}{V} = 1 \frac{s}{\Omega}$

Bezeichnung	Formel	Erläuterung
geschichtetes Dielektrikum 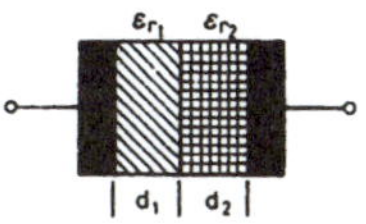	$C = \varepsilon_0 \cdot A \dfrac{\varepsilon_{r1} \cdot \varepsilon_{r2}}{\varepsilon_{r1} \cdot d_2 + \varepsilon_{r2} \cdot d_1}$	ε_{r1}; ε_{r2}: Dielektrizitätszahl dimensionslos d_1; d_2: Schichtdicke in m
Temperaturabhängigkeit	$C_\vartheta = C_{20}\,(1 + \alpha_C \cdot \Delta T)$ $\Delta T = \vartheta_w - \vartheta_k$	C_ϑ: Kapazität bei ϑ in F C_{20}: Kapazität bei 20 °C in F α_C: Temperaturkoeffizient in 10^{-6}/K ΔT: Temperaturänderung in K ϑ_w: Endtemperatur in °C ϑ_k: Anfangstemperatur in °C
Betriebsreststrom bei Elektrolytkondensatoren	$I_r = \dfrac{0{,}02\,\mu A}{\mu F \cdot V} \cdot C_N \cdot U_N + 3\,\mu A$	C_N: Nennkapazität in µF U_N: Nennspannung in V I_r: Strom in µA
Kondensator an Gleichspannung		
Zeitkonstante	$\tau = R \cdot C$	R: Widerstand in Ω C: Kondensatorkapazität in F τ: Zeitkonstante in s
Aufladung 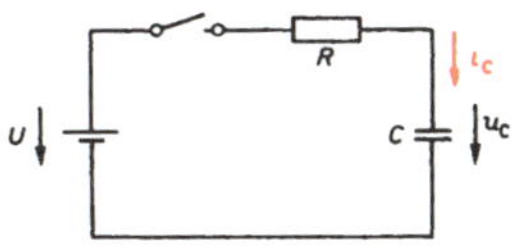 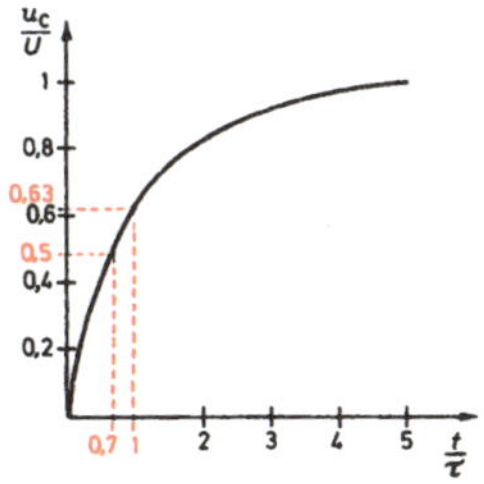 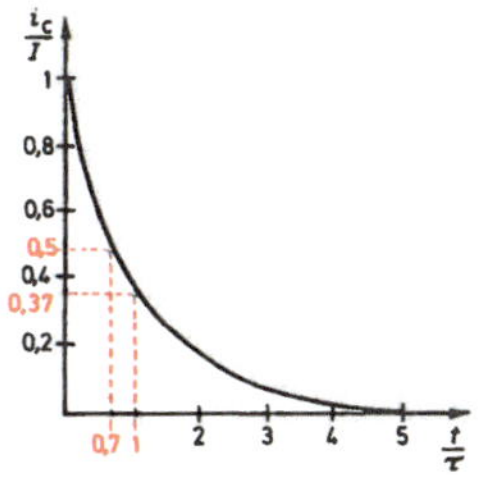	$u_C = U\,(1 - e^{-t/RC})$ $i_C = I \cdot e^{-t/RC}$ $I = \dfrac{U}{R}$	u_C: Augenblickswert der Kondensatorspannung in V i_C: Augenblickswert des Kondensatorstromes in A U; I: Anfangs- bzw. Endwert von Spannung und Strom t: Zeit in s e: Basis des natürlichen Logarithmus

Bezeichnung	Formel	Erläuterung
Entladung 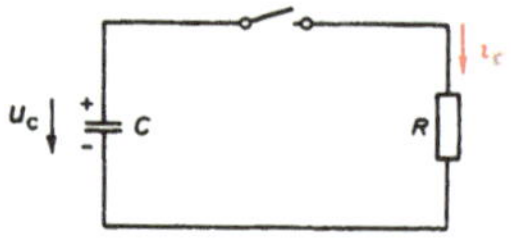 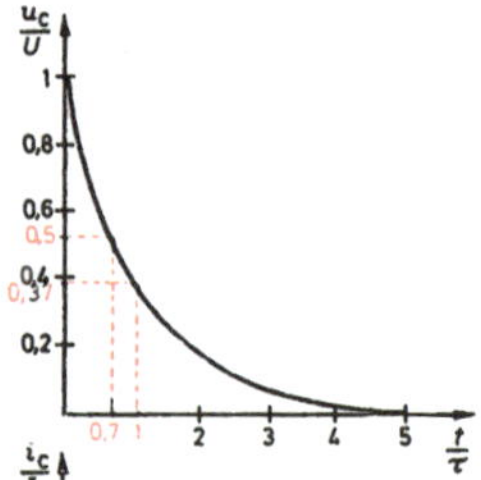 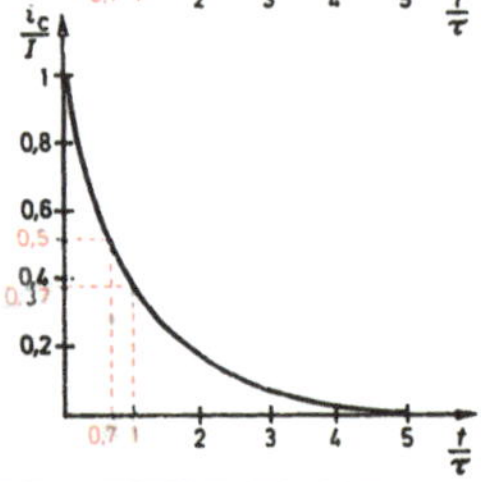	$u_C = U \cdot e^{-t/RC}$ $i_C = I \cdot e^{-t/RC}$ $I = \frac{U}{R}$	u_C: Augenblickswert der Kondensatorspannung in V i_C: Augenblickswert des Kondensatorstromes in A U, I: Anfangs- bzw. Endwert von Spannung und Strom t: Zeit in s e: Basis des natürlichen Logarithmus R: Widerstand in Ω C: Kondensatorkapazität in F τ: Zeitkonstante in s
	Kondensator an Wechselspannung	
kapazitiver Blindwiderstand 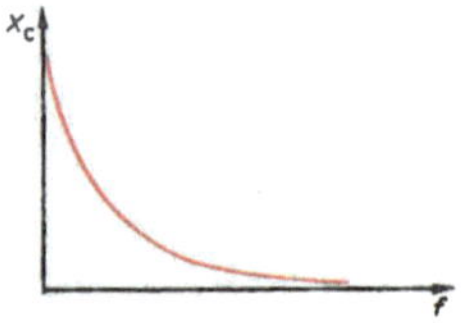	$X_C = \frac{U}{I}$ $X_C = \frac{1}{2\pi \cdot f \cdot C}$	X_C: kapazit. Blindwiderst. in Ω U: Wechselspannung am Kondensator in V I: Wechselstrom im Kondensator in A f: Frequenz in Hz = 1/s C: Kapazität in F = s/Ω
Kondensatorverluste 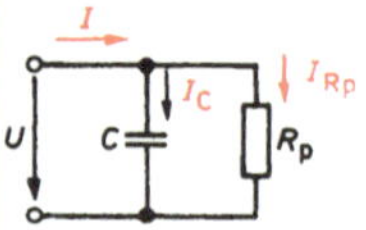 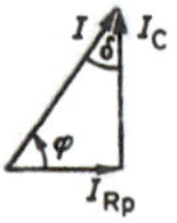	$d = \tan\delta$ $d = \frac{I_{Rp}}{I_C} = \frac{X_C}{R_p}$ $d = \frac{1}{Q}$	d: Verlustfaktor dimensionslos δ: Verlustwinkel in ° Q: Gütefaktor dimensionslos I_{Rp}: Verluststrom in A I_C: Blindstrom in A X_C: kap. Blindwiderstand in Ω R_p: Verlustwiderstand in Ω
kapazitive Blindleistung	$Q_C = U_C \cdot I_C$ $Q_C = \frac{U_C^2}{X_C} = I_C^2 \cdot X_C$	Q_C: kapazitive Blindleistung in var oder W U_C: Effektivwert der Kondensatorwechselspannung in V I_C: Effektivwert des Kondensatorstromes in A

Bezeichnung	Formel	Erläuterung
Kondensatorschaltungen		
Parallelschaltung 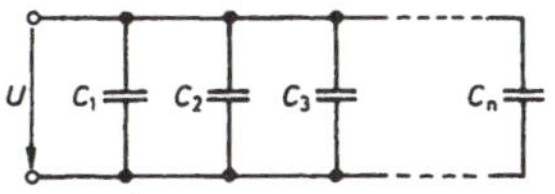	$C_{ges} = C_1 + C_2 + C_3 + \ldots C_n$ $C_{ges} = n \cdot C$ $U = \frac{Q}{C_{ges}} = \frac{Q_1}{C_1} = \frac{Q_2}{C_2} = \frac{Q_n}{C_n}$ $\frac{1}{X_{Cges}} = \frac{1}{X_{C1}} + \frac{1}{X_{C2}} + \ldots + \frac{1}{X_{Cn}}$	C_{ges}: Gesamtkapazität C_1; C_2: Einzelkapazitäten n: Anzahl gleicher Kapazitäten U: Spannung in V Q: Ladung in As X_C: Blindwiderstand in Ω
Reihenschaltung 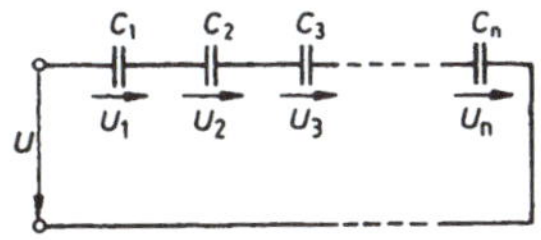	$C_{ges} = \frac{1}{\frac{1}{C_1} + \frac{1}{C_2} + \frac{1}{C_3} + \ldots + \frac{1}{C_n}}$ $C_{ges} = \frac{C}{n}$ $C_{ges} = \frac{C_1 \cdot C_2}{C_1 + C_2}$ $U = U_1 + U_2 + U_3 + \ldots + U_n$ $Q = C_{ges} \cdot U = C_1 \cdot U_1 = C_n \cdot U_n$ $X_{Cges} = X_{C1} + X_{C2} + X_{C3} + \ldots + X_{Cn}$	
gemischte Schaltung 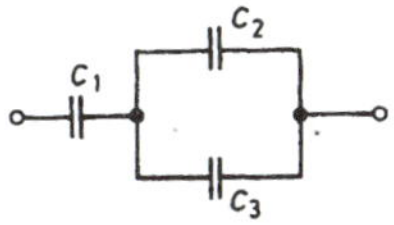 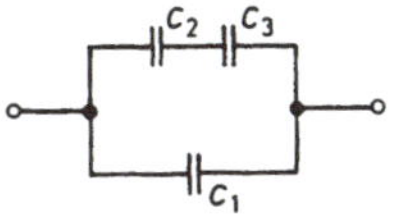	$C_{ges} = \frac{1}{\frac{1}{C_1} + \frac{1}{C_2 + C_3}}$ $C_{ges} = C_1 + \frac{1}{\frac{1}{C_2} + \frac{1}{C_3}}$	U: Gesamtspannung U_1; U_2: Teilspannung C_1; C_2; C_3: Einzelkapazitäten C_{ges}: Gesamtkapazität X_C: Blindwiderstand
kapazitiver Spannungsteiler 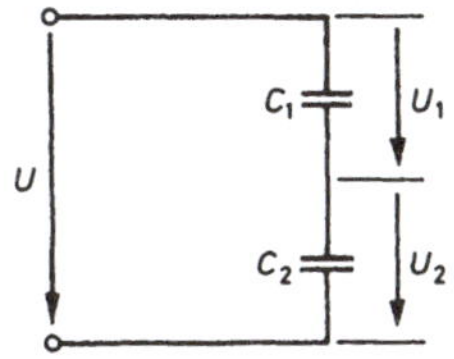	$U = U_1 + U_2$ $\frac{U_1}{U_2} = \frac{C_2}{C_1} = \frac{X_{C1}}{X_{C2}}$ $C_{ges} = C_2 \frac{U_2}{U}$ $X_{Cges} = X_{C2} \frac{U}{U_2}$	

Bezeichnung	Formel	Erläuterung
Magnetisches Feld		
Durchflutung	$\Theta = I \cdot N$	Θ: Durchflutung in A
magn. Feldstärke	$H = \frac{\Theta}{l} = \frac{I \cdot N}{l}$	I: Strom in A N: Windungszahl dimensionslos
magn. Flußdichte	$B = \mu_0 \cdot \mu_r \cdot H$	H: Feldstärke in A/m l: mittlere Feldlinienlänge in m
magn. Fluß	$\Phi = B \cdot A$	B: magn. Flußdichte in $Vs/m^2 = T$
magn. Widerstand	$R_m = \frac{l}{\mu_0 \cdot \mu_r \cdot A}$ $R_m = \frac{\Theta}{\Phi}$	μ_0: magn. Feldkonstante $\mu_0 = 1{,}257 \cdot 10^{-6}$ Vs/Am μ_r: Permeabilitätszahl dimensionslos
magn. Kreis mit Luftspalt 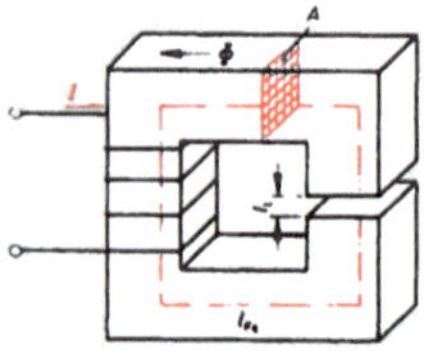	$R_{mG} = R_{mFe} + R_{mL}$ $\Theta = H_{Fe} \cdot l_{Fe} + H_L \cdot l_L$	Φ: magn. Fluß in Vs = Wb A: Querschnittsfläche in m^2 R_m: magn. Widerstand in A/Vs R_{mG}: ges. magn. Widerstand in A/Vs R_{mFe}: magn. Widerstand des Eisens in A/Vs R_{mL}: magn. Widerstand des Luftspaltes in A/Vs
magn. Kraftwirkung 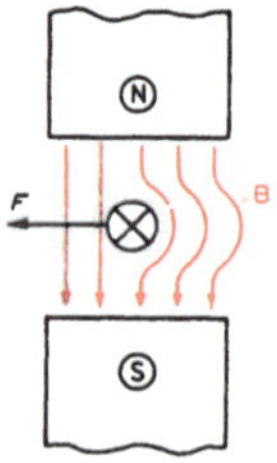 Ablenkung eines stromdurchflossenen Leiters	$F = B \cdot I \cdot l_w \cdot z$	H_{Fe}: Feldstärke im Eisen in A/m H_L: Feldstärke im Luftspalt in A/m l_{Fe}: mittlere Feldlinienlänge im Eisen in m l_L: mittlere Feldlinienlänge im Luftspalt in m F: Kraft in N = Ws/m l_w: wirksame Breite des Magnetfeldes in m z: Leiterzahl dimensionslos
Haltekraft eines Magneten	$F = \frac{1}{2} \frac{B^2 \cdot A}{\mu_0}$	A: gesamte Polfläche in m^2
Kräfte zwischen 2 Leitern in Luft	$F = \frac{\mu_0}{2\pi} \cdot \frac{l_l}{a} \cdot I_1 \cdot I_2$	a: Abstand zwischen den Leitern in m l_l: Leiterlänge in m
Energie des magn. Feldes	$W = \frac{1}{2} L \cdot I^2$	W: Energie in Ws L: Induktivität in Vs/A = H I: Strom in A

Umrechnungen:

$1\,T = 1\,\frac{Vs}{m^2} = 1\,\frac{Wb}{m^2}$; $1\,H = 1\,\frac{Vs}{A} = 1\,\Omega s = 1\,\frac{Wb}{A}$; $1\,Ws = 1\,VsA = 1\,HA^2 = 1\,Nm$

Bezeichnung	Formel	Erläuterung
	Spule	
Induktivität 	$L = \frac{\mu_0 \cdot \mu_r \cdot A \cdot N^2}{l}$ $L = A_L \cdot N^2$ $L = \frac{\Phi \cdot N}{I}$	L: Induktivität in Vs/A = H μ_0: magn. Feldkonstante $\mu_0 = 1{,}257 \cdot 10^{-6}$ Vs/Am μ_r: Permeabilitätszahl dimensionslos A: Querschnittsfläche in m^2 l: mittlere Feldlinienlänge in m N: Windungszahl dimensionslos A_L: Spulenkonstante in Vs/A Φ: magn. Fluß in Vs = Wb u_0: induzierte Spannung in V t: Zeit in s I: Strom in A l_w: wirksame Leiterlänge in m v: Geschwindigkeit in m/s
Induktion 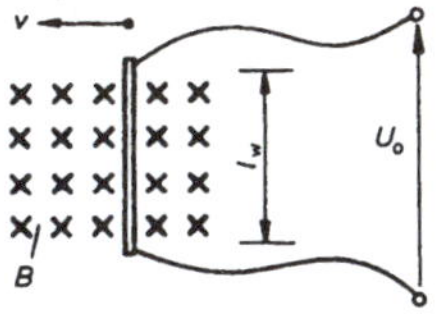	$u_0 = -N \frac{\Delta \Phi}{\Delta t}$ $u_0 = -L \frac{\Delta I}{\Delta t}$ $u_0 = B \cdot l_w \cdot v$	
	Spule an Gleichspannung	
Zeitkonstante	$\tau = \frac{L}{R}$	τ: Zeitkonstante in s L: Induktivität in H = Ω · s = Vs/A R: Widerstand in Ω
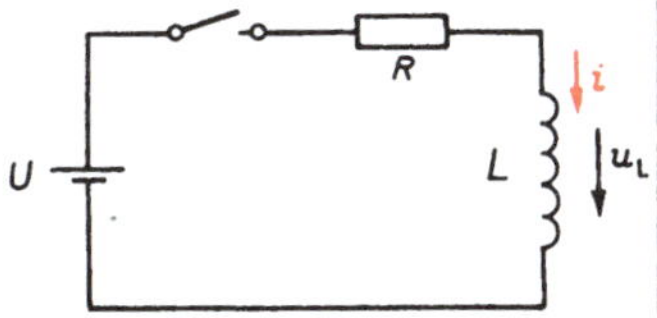 **Einschalten** 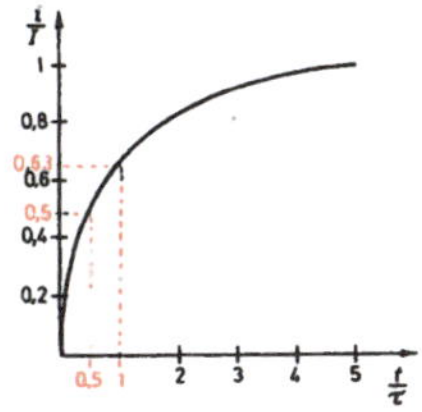	$u_L = U \cdot e^{-t/\tau}$ $i = I(1 - e^{-t/\tau})$ $I = \frac{U}{R}$	u_L: Augenblickswert der Spannung an der Spule in V U: Gesamtspannung in V i: Augenblickswert des Stromes in A I: Anfangs- und Endwert des Stromes in A e: Basis des natürlichen Logarithmus t: Zeit in s R: Vorwiderstand in Ω τ: Zeitkonstante in s
Ausschalten 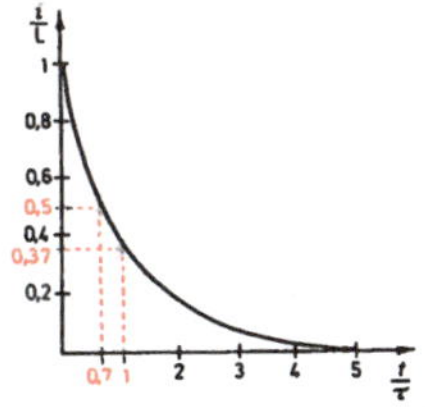	$i = I \cdot e^{-t/\tau}$ $I = \frac{U}{R}$	

Bezeichnung	Formel	Erläuterung
Spule an Wechselspannung		
induktiver Blindwiderstand 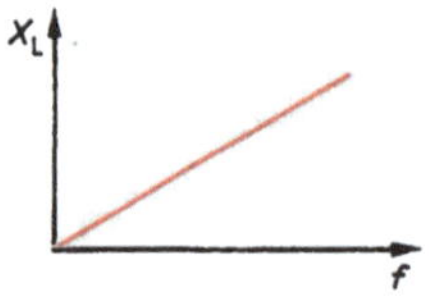	$X_L = \frac{U}{I}$ $X_L = 2\,\pi \cdot f \cdot L$	X_L: indukt. Blindwiderst. in Ω U: Wechselspannung an der Spule in V I: Wechselstrom in der Spule in A f: Frequenz in Hz = 1/s L: Induktivität in H = Ω · s
Spulenverluste 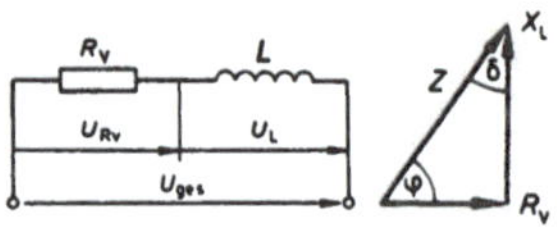	$d = \tan \delta = \frac{1}{Q}$ $Q = \frac{X_L}{R_v} = \frac{U_L}{U_{Rv}}$	d: Verlustfaktor dimensionsl. δ: Verlustwinkel in ° Q: Gütefaktor dimensionslos X_L: indukt. Blindwiderst. in Ω R_v: Spulenverluste in Ω
induktive Blindleistung	$Q_L = U_L \cdot I_L$ $Q_L = \frac{U_L^2}{X_L} = I_L^2 \cdot X_L$	Q_L: induktive Blindleistung in var U_L: Effektivwert der Spulenspannung in V I_L: Effektivwert des Spulenstromes in A
Spulenschaltungen		
Reihenschaltung 	$L_{ges} = L_1 + L_2 + L_3 + \ldots + L_n$ $L_{ges} = n \cdot L_1$ $X_{Lges} = X_{L1} + X_{L2} + \ldots + X_{Ln}$	L_{ges}: Gesamtinduktivität in H L_1; L_2: Einzelinduktivität in H n: Anzahl gleicher Induktivitäten X_L: Blindwiderstand in Ω
Parallelschaltung 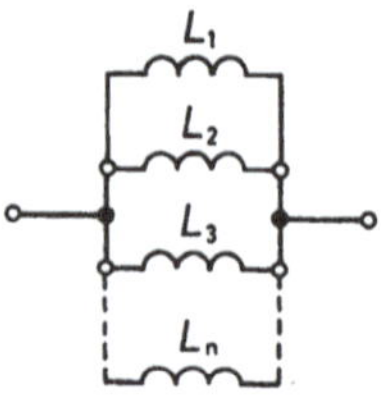	$\frac{1}{L_{ges}} = \frac{1}{L_1} + \frac{1}{L_2} + \frac{1}{L_3} + \ldots + \frac{1}{L_n}$ $L_{ges} = \frac{L}{n}$ $L_{ges} = \frac{L_1 \cdot L_2}{L_1 + L_2}$ $\frac{1}{X_{Lges}} = \frac{1}{X_{L1}} + \frac{1}{X_{L2}} + \ldots + \frac{1}{X_{Ln}}$	

Bezeichnung	Formel	Erläuterung
Zusammenschaltung von Wirk- und Blindwiderständen		
Reihenschaltung		
RC-Schaltung 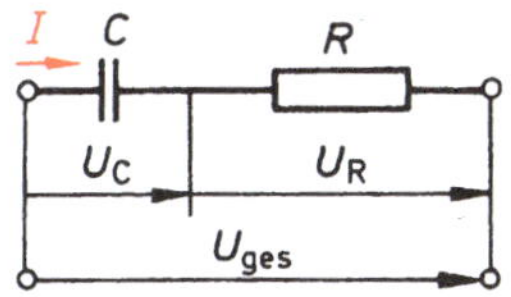 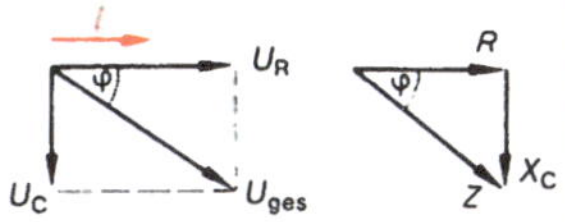 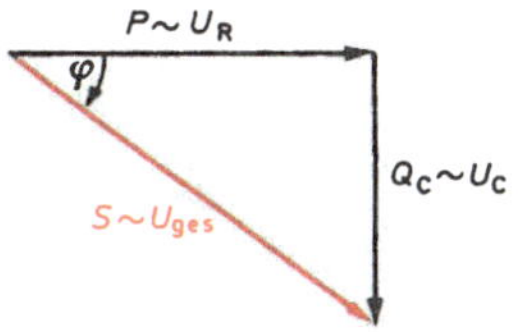	$U_{ges} = \sqrt{U_R^2 + U_C^2}$ $U_{ges} = \frac{U_R}{\cos\varphi} = \frac{U_C}{\sin\varphi}$ $U_C = U_R \cdot \tan\varphi$ $Z = \frac{U_{ges}}{I}$ $Z = \sqrt{R^2 + X_C^2}$ $Z = \frac{R}{\cos\varphi} = \frac{X_C}{\sin\varphi}$ $X_C = R \cdot \tan\varphi$ $S = U_{ges} \cdot I = \frac{U_{ges}^2}{Z} = I^2 \cdot Z$ $S = \sqrt{P^2 + Q_C^2}$ $S = \frac{P}{\cos\varphi} = \frac{Q_C}{\sin\varphi}$ $Q_C = P \cdot \tan\varphi$	Z: Scheinwiderstand in Ω S: Scheinleistung in VA = W P: Wirkleistung in W Q_C: kapazitive Blindleistung in var = W cos φ: Leistungsfaktor, dimensionslos
RL-Schaltung 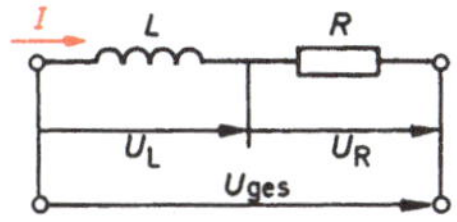 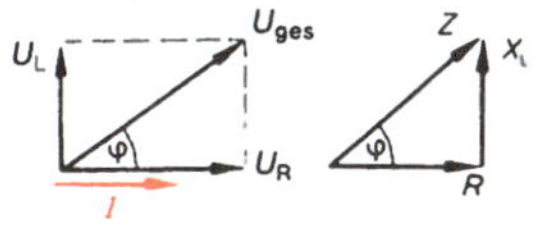 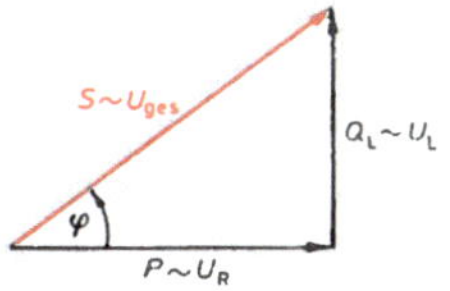	$U_{ges} = \sqrt{U_R^2 + U_L^2}$ $U_{ges} = \frac{U_R}{\cos\varphi} = \frac{U_L}{\sin\varphi}$ $U_L = U_R \cdot \tan\varphi$ $Z = \frac{U_{ges}}{I}$ $Z = \sqrt{R^2 + X_L^2}$ $Z = \frac{R}{\cos\varphi} = \frac{X_L}{\sin\varphi}$ $X_L = R \cdot \tan\varphi$ $S = U_{ges} \cdot I = \frac{U_{ges}^2}{Z} = I^2 \cdot Z$ $S = \sqrt{P^2 + Q_L^2}$ $S = \frac{P}{\cos\varphi} = \frac{Q_L}{\sin\varphi}$ $Q_L = P \cdot \tan\varphi$	U_L: Effektivwert der Spannung an L in V Q_L: induktive Blindleistung in var = W

Bezeichnung	Formel	Erläuterung
RLC-Schaltung 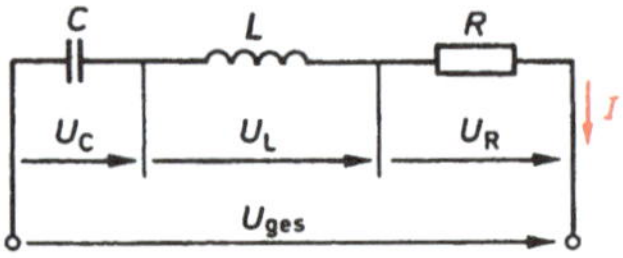 für $X_L > X_C$ 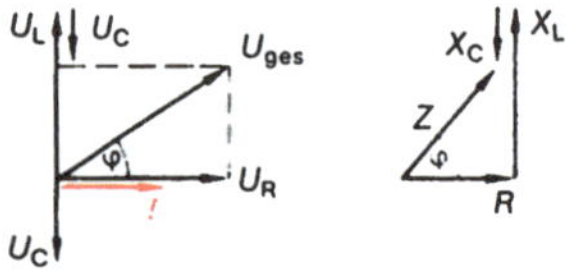 	$U_{ges} = \sqrt{U_R^2 + (\lvert U_L - U_C \rvert)^2}$ $U_{ges} = \frac{U_R}{\cos\varphi} = \frac{\lvert U_L - U_C \rvert}{\sin\varphi}$ $\lvert U_L - U_C \rvert = U_R \cdot \tan\varphi$ $Z = \frac{U_{ges}}{I}$ $Z = \sqrt{R^2 + (\lvert X_L - X_C \rvert)^2}$ $Z = \frac{R}{\cos\varphi} = \frac{\lvert X_L - X_C \rvert}{\sin\varphi}$ $\lvert X_L - X_C \rvert = R \cdot \tan\varphi$	$\lvert U_L - U_C \rvert$: Betrag der Spannungsdifferenz in V $\lvert X_L - X_C \rvert$: Betrag der Widerstandsdifferenz in Ω
	Parallelschaltung	
RC-Schaltung 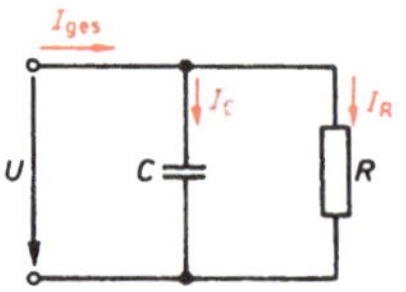 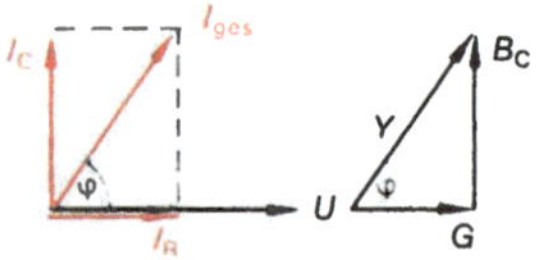 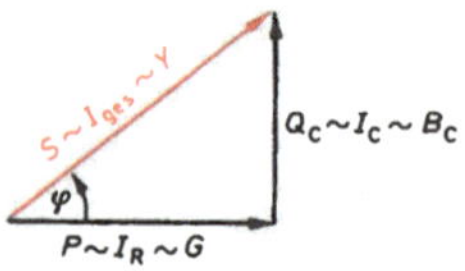 	$I_{ges} = \sqrt{I_R^2 + I_C^2}$ $I_{ges} = \frac{I_R}{\cos\varphi} = \frac{I_C}{\sin\varphi}$ $I_C = I_R \cdot \tan\varphi$ $G = \frac{1}{R}$ $B_C = \frac{1}{X_C} = \omega \cdot C$ $Y = \frac{1}{Z} = \frac{I_{ges}}{U}$ $Y = \sqrt{G^2 + B_C^2}$ $Y = \frac{G}{\cos\varphi} = \frac{B_C}{\sin\varphi}$ $B_C = G \cdot \tan\varphi$ $S = U \cdot I_{ges} = U^2 \cdot Y = \frac{I_{ges}^2}{Y}$ $S = \sqrt{P^2 + Q_C^2}$ $S = \frac{P}{\cos\varphi} = \frac{Q_C}{\sin\varphi}$ $Q_C = P \cdot \tan\varphi$	Z: Scheinwiderstand in Ω Y: Scheinleitwert in S G: Wirkleitwert in S B_C: kapazitiver Blindleitwert in S S: Scheinleistung in VA = W P: Wirkleistung in W Q_C: kapazitive Blindleistung in var = W B_L: induktiver Blindleitwert in S Q_L: induktive Blindleistung in var = W cos φ: Leistungsfaktor dimensionslos

<table>
<tr><th>Bezeichnung</th><th>Formel</th><th>Erläuterung</th></tr>
<tr>
<td>

RL-Schaltung

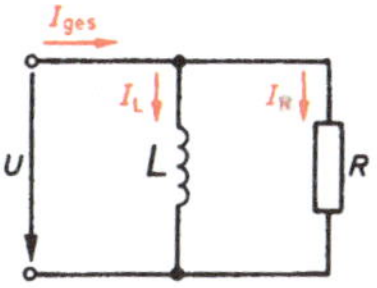

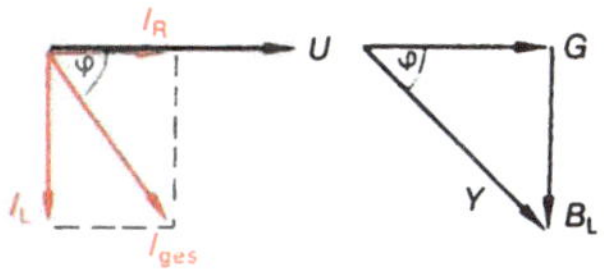

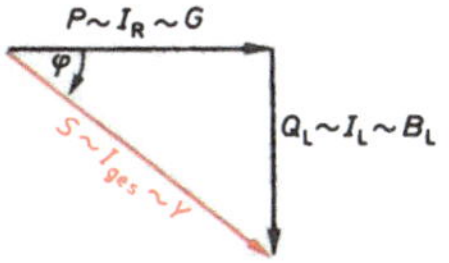

</td>
<td>

$I_{ges} = \sqrt{I_R^2 + I_L^2}$

$I_{ges} = \dfrac{I_R}{\cos\varphi} = \dfrac{I_L}{\sin\varphi}$

$I_L = I_R \cdot \tan\varphi$

$G = \dfrac{1}{R}$

$B_L = \dfrac{1}{X_L} = \dfrac{1}{\omega \cdot L}$

$Y = \dfrac{1}{Z} = \dfrac{I_{ges}}{U}$

$Y = \sqrt{G^2 + B_L^2}$

$Y = \dfrac{G}{\cos\varphi} = \dfrac{B_L}{\sin\varphi}$

$B_L = G \cdot \tan\varphi$

$S = U \cdot I_{ges} = U^2 \cdot Y = \dfrac{I_{ges}^2}{Y}$

$S = \sqrt{P^2 + Q_L^2}$

$S = \dfrac{P}{\cos\varphi} = \dfrac{Q_L}{\sin\varphi}$

$Q_L = P \cdot \tan\varphi$

</td>
<td>

Z: Scheinwiderstand in Ω
Y: Scheinleitwert in S
G: Wirkleitwert in S
B_C: kapazitiver Blindleitwert in S
S: Scheinleistung in VA = W
P: Wirkleistung in W
Q_C: kapazitive Blindleistung in var = W
B_L: induktiver Blindleitwert in S
Q_L: induktive Blindleistung in var = W

cos φ: Leistungsfaktor dimensionslos

</td>
</tr>
<tr>
<td>

RLC-Schaltung

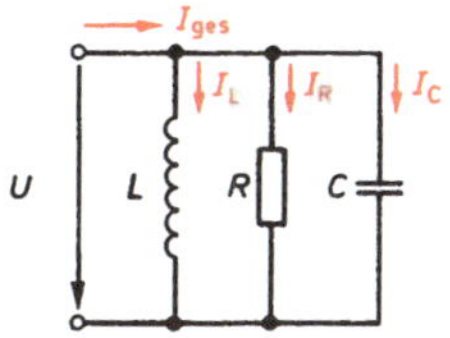

für $X_L > X_C$

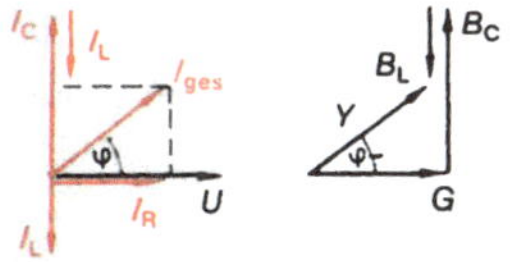

</td>
<td>

$I_{ges} = \sqrt{I_R^2 + (\mid I_C - I_L \mid)^2}$

$I_{ges} = \dfrac{I_R}{\cos\varphi} = \dfrac{\mid I_C - I_L \mid}{\sin\varphi}$

$\mid I_C - I_L \mid = I_R \cdot \tan\varphi$

$Y = \dfrac{I_{ges}}{U} = \dfrac{1}{Z}$

$Y = \sqrt{G^2 + (\mid B_C - B_L \mid)^2}$

$Y = \dfrac{G}{\cos\varphi} = \dfrac{\mid B_C - B_L \mid}{\sin\varphi}$

$\mid B_C - B_L \mid = G \cdot \tan\varphi$

</td>
<td>

$\mid I_C - I_L \mid$: Betrag der Stromdifferenz in A
$\mid B_C - B_L \mid$: Betrag der Blindleitwertdifferenz in S

</td>
</tr>
</table>

Bezeichnung	Formel	Erläuterung
Umwandlung einer Reihen- in eine Parallelschaltung und umgekehrt		
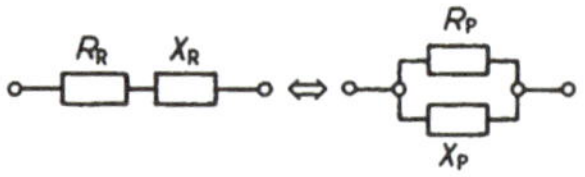 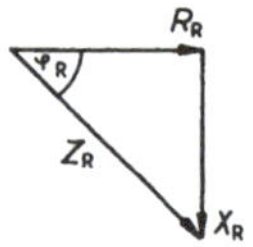 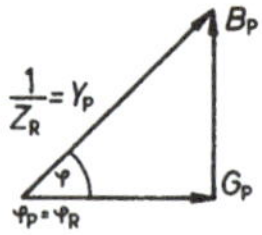 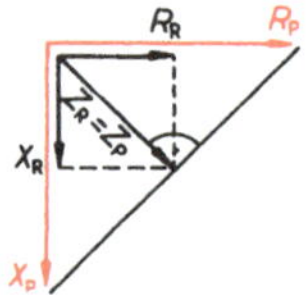	$Z_R = \frac{1}{Y_P} = Z_P$ $\varphi_R = \varphi_P$ $R_P = \frac{R_R^2 + X_R^2}{R_R}$ mit $Q = \frac{X_R}{R_R} = \frac{R_P}{X_P}$ $R_P = R_R\,(1 + Q^2) \approx R_R\,Q^2$ $X_P = \frac{R_R^2 + X_R^2}{X_R}$ $X_P = X_R\,(1 + \frac{1}{Q^2}) \approx X_R$ $R_R = \frac{R_P \cdot X_P^2}{R_P^2 + X_P^2}$ $X_R = \frac{R_P^2 \cdot X_P}{R_P^2 + X_P^2}$	Z_R: Scheinwiderstand der Reihenschaltung in Ω Z_P: Scheinwiderstand der Parallelschaltung in Ω Q: Güte dimensionslos Y_P: Scheinleitwert der Parallelschaltung in S φ_R, φ_P: Phasenwinkel in ° X_R: Blindwiderstand der Reihenschaltung in Ω X_P: Blindwiderstand der Parallelschaltung in Ω
Schwingkreise		
Resonanzfrequenz 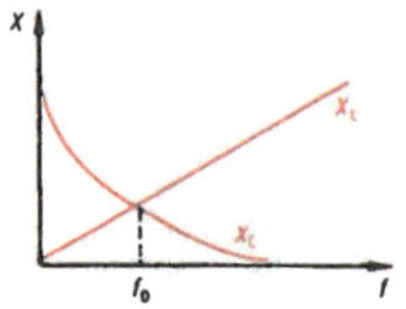	$X_L = X_C = \sqrt{\frac{L}{C}}$ $\omega L = \frac{1}{\omega C}$ $f_0 = \frac{1}{2\pi\sqrt{L \cdot C}}$	f_0: Resonanzfrequenz in Hz = 1/s L: Induktivität in H = Vs/A = Ω · s C: Kapazität in F = As/V = s/Ω b: Bandbreite in Hz f_{go}: obere Grenzfrequenz in Hz f_{gu}: untere Grenzfrequenz in Hz Q: Güte dimensionslos d: Dämpfungsfaktor dimensionslos d_L: Verlustfaktor der Spule dimensionsl. d_C: Verlustfaktor des Kondensators dimensionslos R_v: Reihenverlustwiderstand in Ω
Bandbreite 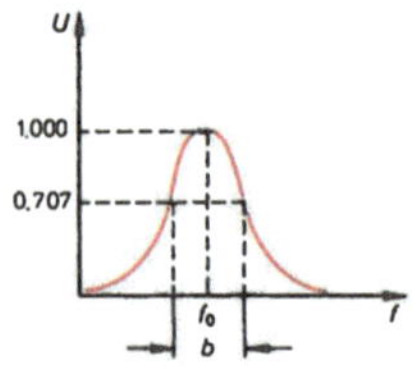	$b = f_{go} - f_{gu}$ $b = \frac{f_0}{Q} = \frac{R_v}{2\pi \cdot L}$ $d = \frac{1}{Q} = d_L + d_C$	
Windungszahl	$N = \sqrt{\frac{L}{A_L}}$	N: Windungszahl dimensionslos A_L: Kernfaktor in Vs/A

<table>
<tr><th>Bezeichnung</th><th>Formel</th><th>Erläuterung</th></tr>
<tr><td colspan="3">Reihenschwingkreis</td></tr>
<tr><td>Resonanzwiderstand
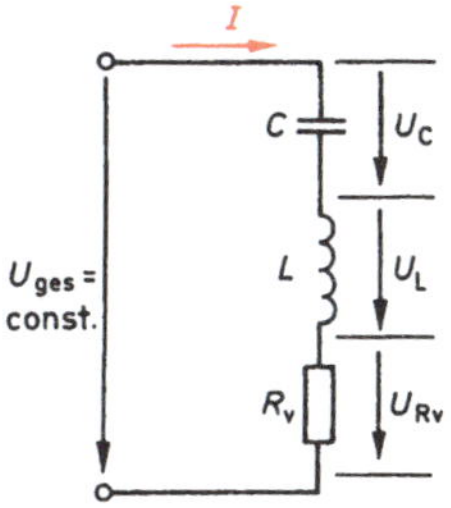
</td><td>$Z_0 = R_v = R_{res}$
$Z_0 = \frac{U_{ges}}{I}$</td><td rowspan="2">U_{ges}: Gesamtspannung in V
U_L: Spannung an L in V
U_C: Spannung an C in V
I: Gesamtstrom in A
Q: Güte dimensionslos
R_v: Verlustwiderstand in Ω
$Z_0 = R_{res}$: Resonanzwiderstand in Ω</td></tr>
<tr><td>Schwingkreisgüte</td><td>$Q = \frac{U_L}{U_{ges}} = \frac{U_C}{U_{ges}}$
$Q = \frac{X_L}{R_v} = \frac{X_C}{R_v}$
$Q = \frac{\omega \cdot L}{R_v} = \frac{1}{\omega \cdot C \cdot R_v}$
$Q = \frac{1}{R_v} \cdot \sqrt{\frac{L}{C}}$</td></tr>
<tr><td colspan="3">Parallelschwingkreis</td></tr>
<tr><td>Resonanzwiderstand
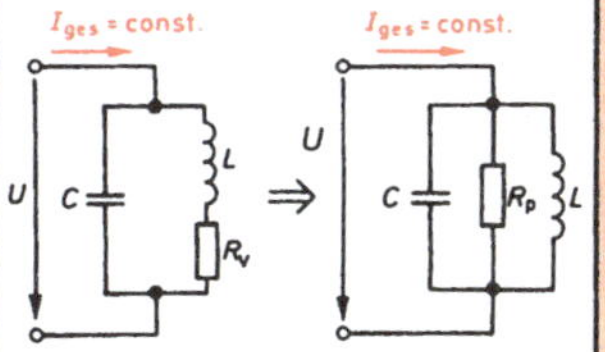
</td><td>$Z_0 = R_P = R_{res}$
$Z_0 = \frac{U}{I_{ges}}$
$Z_0 = \frac{L}{C \cdot R_v}$
$Z_0 = \frac{(\omega \cdot L)^2}{R_v}$
$Z_0 = Q^2 \cdot R_v$</td><td rowspan="2">I_{ges}: Gesamtstrom in A
I_L: Strom durch L in A
I_C: Strom durch C in A
Q: Güte dimensionslos
$Z_0 = R_{res}$: Resonanzwiderstand in Ω
R_v: Reihenverlustwiderstand in Ω
R_p: Parallelverlustwiderstand der Spule in Ω</td></tr>
<tr><td>Schwingkreisgüte</td><td>$Q = \frac{I_L}{I_{ges}} = \frac{I_C}{I_{ges}}$
$Q = \frac{Z_0}{X_L} = \frac{Z_0}{X_C}$
$Q = \sqrt{\frac{Z_0}{R_v}} = Z_0 \sqrt{\frac{C}{L}}$</td></tr>
</table>

Bezeichnung	Schaltung	Formel	Frequenzgang
Passive Vierpole			
Frequenzglieder			
Hochpaß 	CR-Glied 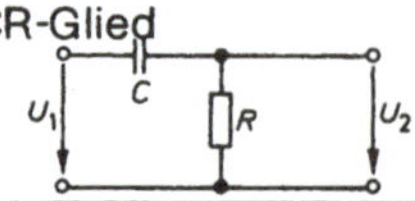	$U_2 = U_1 \frac{R}{\sqrt{R^2 + X_C^2}}$ $f_{grenz} = \frac{1}{2\pi \cdot R \cdot C}$	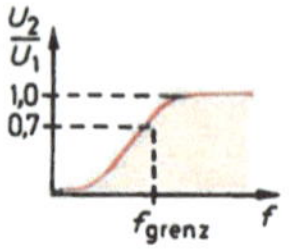
	RL-Glied 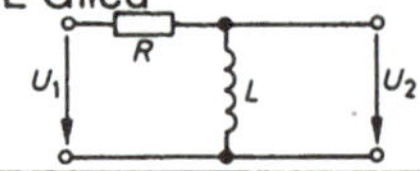	$U_2 = U_1 \frac{X_L}{\sqrt{R^2 + X_L^2}}$ $f_{grenz} = \frac{R}{2\pi \cdot L}$	
Tiefpaß 	RC-Glied 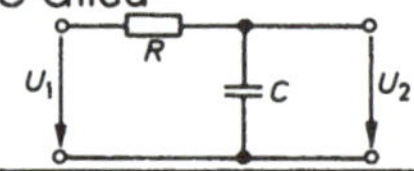	$U_2 = U_1 \frac{X_C}{\sqrt{R^2 + X_C^2}}$ $f_{grenz} = \frac{1}{2\pi \cdot R \cdot C}$	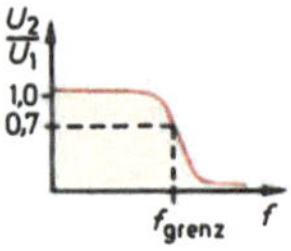
	LR-Glied 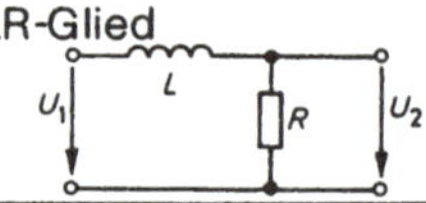	$U_2 = U_1 \frac{R}{\sqrt{R^2 + X_L^2}}$ $f_{grenz} = \frac{R}{2\pi \cdot L}$	
Bandpaß 	LC-Bandpaß 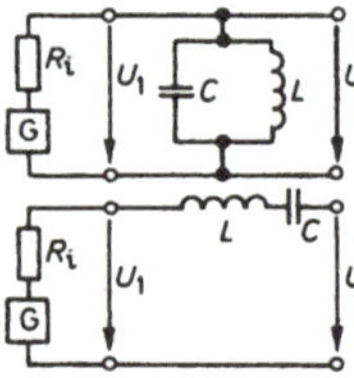	$f_0 = \frac{1}{2\pi\sqrt{L \cdot C}}$ $b = \frac{f_0}{Q}$	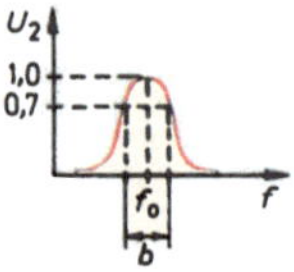
	RC-Bandpaß 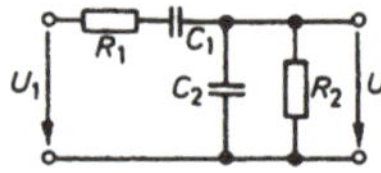	$U_{2max} = \frac{U_1}{1 + \frac{R_1}{R_2} + \frac{C_2}{C_1}}$ $f_0 = \frac{1}{2\pi\sqrt{R_1 \cdot R_2 \cdot C_1 \cdot C_2}}$	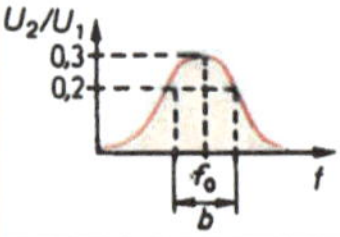
Bandsperre 	LC-Bandsperre 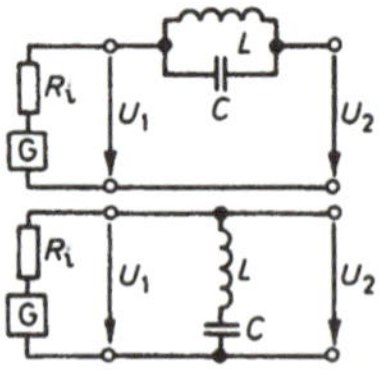	$f_0 = \frac{1}{2\pi\sqrt{L \cdot C}}$ $b = \frac{f_0}{Q}$	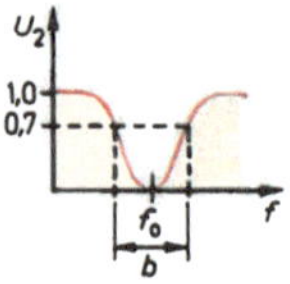
	Wien-Robinson-Brücke 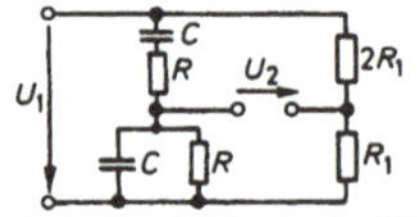	$f_0 = \frac{1}{2\pi \cdot R \cdot C}$ bei f_0 wird $U_2 = 0$ V.	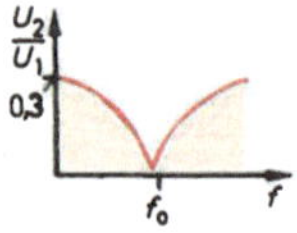

Bezeichnung	Formel	Erläuterung
Impulsformerglieder		
Differenzierglied 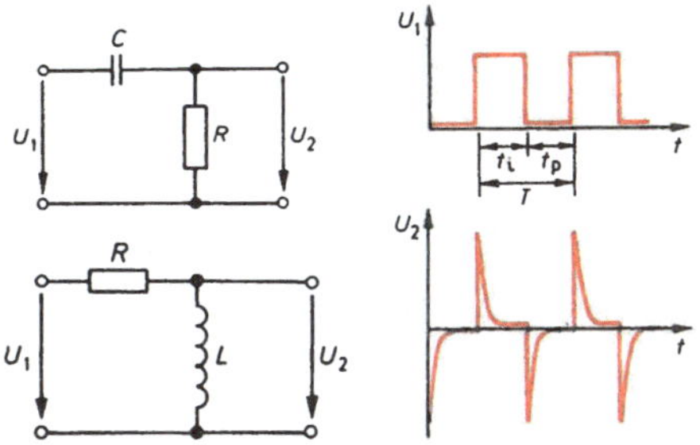 $\frac{t_i}{\tau} \approx 5$	$\tau = R \cdot C$ $\tau = \frac{L}{R}$ $T = t_i + t_p$ $g = \frac{t_i}{T}$ $\nu = \frac{1}{g}$ $f = \frac{1}{T}$	τ: Zeitkonstante in s R: Widerstand in Ω C: Kapazität in $F = s/\Omega$ L: Induktivität in $H = s \cdot \Omega$ T: Periodendauer in s t_i: Impulsdauer in s t_p: Pausendauer in s g: Tastgrad dimensionslos ν: Tastverhältnis dimensionslos f: Frequenz in Hz
Integrierglied 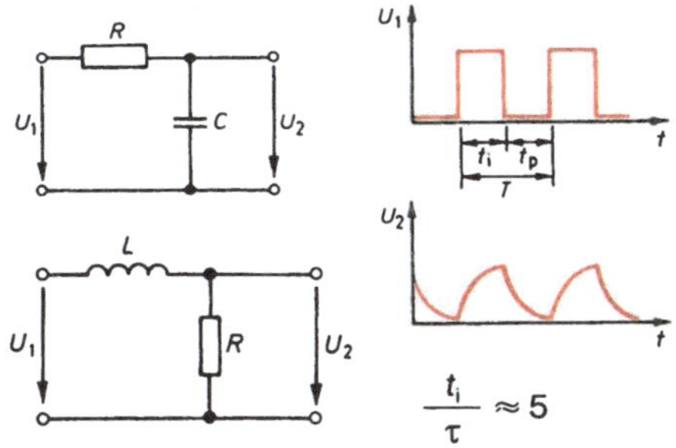 $\frac{t_i}{\tau} \approx 5$	$\tau = R \cdot C$ $\tau = \frac{L}{R}$ $T = t_i + t_p$ $g = \frac{t_i}{T}$ $\nu = \frac{1}{g}$ $f = \frac{1}{T}$	
Transformator		
Übersetzungsverhältnisse 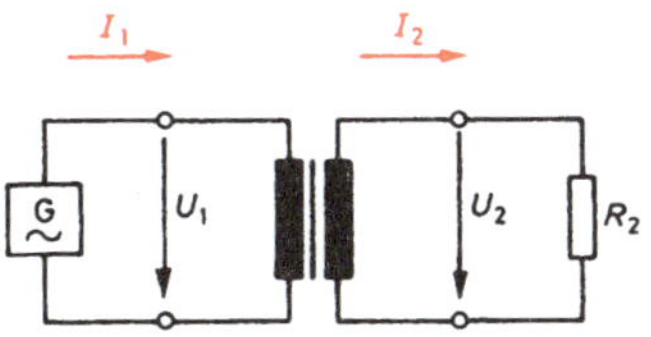 	$P_1 = P_2$ $ü = \frac{N_1}{N_2}$ $ü = \frac{U_1}{U_2} = \frac{I_2}{I_1}$ $ü = \sqrt{\frac{R_1}{R_2}}$ $ü = \sqrt{\frac{L_1}{L_2}}$ $ü = \sqrt{\frac{C_2}{C_1}}$	P: Leistung N: Windungszahl U: Spannung I: Strom R: Widerstand L: Induktivität C: Kapazität N_1; U_1; I_1; P_1: Eingangsgrößen N_2; U_2; I_2; P_2: Ausgangsgrößen $ü$: Übersetzungsverhältnis dimensionslos
Transformator mit Verlusten	$P_2 = P_1 \cdot \eta$	η: Wirkungsgrad, dimensionslos

Bezeichnung	Formel	Erläuterung
Netztransformator		
Leistungsfaktor bei kapazitiver Last	$P_T = a \cdot P_{Gleich}$ Einweg: $a = 1{,}8$ Mittelpunkt: $a = 1{,}5$ Brücke: $a = 1{,}4$	P_T: Ausgangsleistung der Transformatorwicklung P_{Gleich}: Gleichstromleistung a: Vergrößerungsfaktor
Ausgangswechselleistung	$P_{ges} = P_{T1} + P_{T2} + \ldots + P_{Tn}$	
Eisenkernquerschnitt	$A_{Fe} = \sqrt{1{,}1 \cdot P_{ges}}$	A_{Fe}: Eisenkernquerschnitt in cm^2
Transformator-hauptgleichung	$N = \dfrac{U \cdot 10^4}{4{,}44 \cdot f \cdot B \cdot A_{Fe}}$	U: Leerlaufspannung in V f: Frequenz in Hz B: magn. Flußdichte in T N: Windungszahl
Eingangswindungszahl für $B = 1{,}2$ T, $f = 50$ Hz	$N_1 = \dfrac{38 \cdot U}{A_{Fe}}$	
Ausgangswindungszahl	$S < 20$ VA $N_2 = \dfrac{46 \cdot U}{A_{Fe}}$ 20 VA $< S <$ 100 VA $N_2 = \dfrac{42 \cdot U}{A_{Fe}}$ $S > 100$ VA $N_2 = \dfrac{40 \cdot U}{A_{Fe}}$	S: Scheinleistung in VA
Drahtdurchmesser	M- und El-Kern $S = 2{,}55\ A/mm^2$ $d = \sqrt{I/2}$ Schnittbandkern $d = 1{,}13\sqrt{I/S}$	d: Drahtdurchmesser in mm I: Strom in A S: Stromdichte in A/mm^2

Bezeichnung	Formel	Erläuterung
Leistung im Wechselstromkreis		
Einphasiger Wechselstrom		
Scheinleistung **Wirkleistung** **Blindleistung** **Leistungsfaktor** 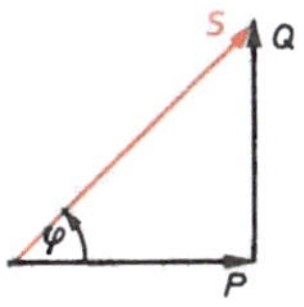	$S = U \cdot I = \sqrt{P^2 + Q^2}$ $P = U \cdot I \cdot \cos\varphi$ $Q = U \cdot I \cdot \sin\varphi$ $\cos\varphi = \frac{P}{S}$ Reihenschaltung $\cos\varphi = \frac{U_R}{U} = \frac{R}{Z}$ Parallelschaltung $\cos\varphi = \frac{I_R}{I} = \frac{Z}{R}$	S: Scheinleistung in VA = W P: Wirkleistung in W Q: Blindleistung in var = W U: Effektivwert der Spannung in V I: Effektivwert des Stromes in A $\cos\varphi$: Leistungsfaktor, dimensionslos U_R: Effektivwert der Spannung am Wirkwiderstand in V R: Wirkwiderstand in Ω Z: Scheinwiderstand in Ω I_R: Effektivwert des Stromes durch den Wirkwiderstand in A
Dreiphasiger Wechselstrom		
Scheinleistung **Wirkleistung** **Blindleistung**	$S = \sqrt{3} \cdot U \cdot I$ $P = \sqrt{3} \cdot U \cdot I \cdot \cos\varphi$ $Q = \sqrt{3} \cdot U \cdot I \cdot \sin\varphi$	U: Effektivwert der Leiterspannung in V I: Effektivwert des Leitstromes in A S: Scheinleistung in VA = W Q: Blindleistung in W = var P: Wirkleistung in W $\cos\varphi$: Leistungsfaktor, dimensionslos U_{st}: Spannung zwischen L und N I_{st}: Strom in einem Strang in A P_Δ: Leistung bei Dreieckschaltung in W P_λ: Leistung bei Sternschaltung in W
Sternschaltung ⅄ 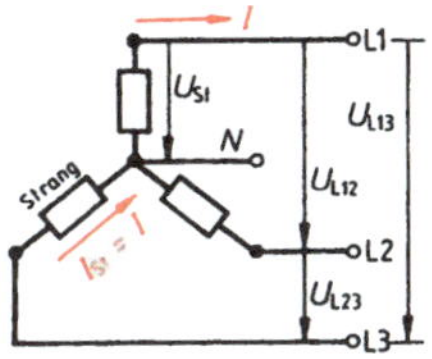	$U_{str} = \frac{U}{\sqrt{3}}$ $I_{str} = I$ $S_{str} = \frac{U}{\sqrt{3}} \cdot I$ $S = 3 \cdot \frac{U}{\sqrt{3}} \cdot I$	
Dreieckschaltung △ 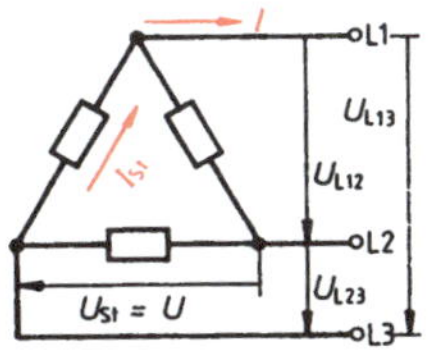	$U_{str} = U$ $I_{str} = \frac{I}{\sqrt{3}}$ $S_{str} = U \cdot \frac{I}{\sqrt{3}}$ $S = 3 \cdot U \cdot \frac{I}{\sqrt{3}}$ $P_\Delta = 3 \cdot P_\lambda$	

Bezeichnung	Formel	Erläuterung
Kompensation der Blindleistung		
Ersatzschaltbild eines E-Motors 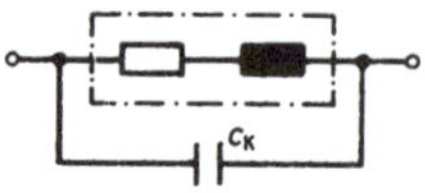 Kompensationskondensator 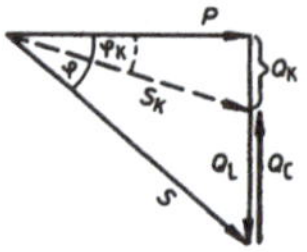	$C_K = \frac{Q_C}{U^2 \cdot \omega}$ $Q_C = Q_L - Q_K$ $Q_C = P \cdot (\tan \varphi - \tan \varphi_K)$	P: Wirkleistung in W S, Q_L, φ: Werte vor der Kompensation S_K, Q_K, φ_K: Werte nach der Kompensation Q_C: Kondensator – Blindleistung in var oder W C_K: Kompensationskondensator in F
Wärme		
Wärmemenge	$Q = m \cdot c \cdot \Delta T = U \cdot I \cdot t$	Q: Wärmemenge in J oder Ws 1 J = 1 Ws m: Masse in kg c: spezif. Wärmemenge in $\frac{kJ}{kg \cdot K}$ ΔT: Temperaturdifferenz in K U: Spannung in V I: Strom in A t: Zeit in s P: Leistung in W
Wärmewirkungsgrad	$\eta = \frac{Q_{ab}}{Q_{zu}} = \frac{Q_{ab}}{P \cdot t}$	
Wärmewiderstand ohne Kühlkörper 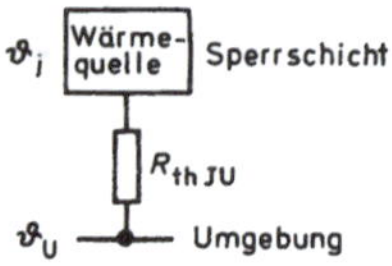	$R_{thJU} = \frac{\vartheta_j - \vartheta_u}{P_v}$	R_{thJU}: Wärmewiderstand zwischen Sperrschicht und Umgebung in K/W ϑ_j: Sperrschichttemperatur in °C ϑ_u: Umgebungstemperatur in °C P_v: Verlustleistung in W
mit Kühlkörper 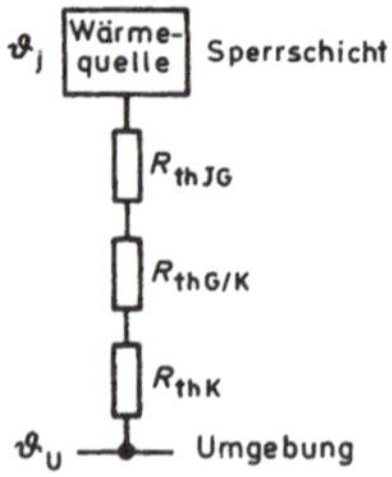	$R_{thU} = \frac{\vartheta_j - \vartheta_u}{P_v}$ $R_{thU} = R_{thJG} + R_{thG/K} + R_{thK}$ $R_{thU} < R_{thJU}$	R_{thU}: gesamter Wärmewiderstand in K/W R_{thJG}: Wärmewiderstand zwischen Sperrschicht und Gehäuse in K/W $R_{thG/K}$: Wärmewiderstand zwischen Gehäuse und Kühlkörper in K/W R_{thK}: Wärmewiderstand des Kühlkörpers in K/W
Kühlkörper	$R_{thK} = \frac{1}{s \cdot A}$	s: Wärmeaustauschkonstante zwischen 1 und 2 $\frac{mW}{cm^2 \cdot K}$ A: Kühlfläche in m^2

Bezeichnung	Formel	Erläuterung
Dioden und ihre Schaltungen		
Diodenkennwerte		
Durchlaßwiderstand	$R_F = \frac{U_F}{I_F}$	U_F: Spannung in Durchlaßrichtung I_F: Strom in Durchlaßrichtung U_R: Spannung in Sperrichtung I_R: Strom in Sperrichtung ΔU_F: Änderung der Durchlaßspannung ΔI_F: Änderung d. Durchlaßstromes P_V: Verlustleistung in W ϑ_j: Sperrschichttemperatur in °C ϑ_U: Umgebungstemperatur in °C R_{thJU}: Wärmewiderstand zwischen Sperrschicht und Umgebung in K/W P_{tot}: totale Verlustleistung in W
Sperrwiderstand	$R_R = \frac{U_R}{I_R}$	
dynamischer Durchlaßwiderstand	$r_F = \frac{\Delta U_F}{\Delta I_F}$	
Verlustleistung	$P_V = U_F \cdot I_F$ $P_V = \frac{\vartheta_j - \vartheta_U}{R_{thJU}}$ grundsätzlich gilt: $P_V \leqq P_{tot}$	
Gleichrichterschaltungen mit kapazitiver Belastung		
Einweg (M1U) 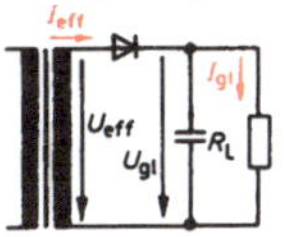 Leerlaufspannung max. Diodensperrsp. Brummspannung bei $f_{Netz} = 50$ Hz Brummfrequenz	$U_{gl} \approx 1{,}2 \cdot U_{eff}$ $I_{gl} \approx 0{,}5 \cdot I_{eff}$ $U_{gl} = \sqrt{2} \cdot U_{eff}$ $U_{RM} = 2 \cdot \sqrt{2} \cdot U_{eff}$ $U_{Breff} = \frac{4{,}8 \cdot 10^{-3} \cdot I_{gl}}{C_L}$ $U_{Brss} = \frac{14 \cdot 10^{-3} \cdot I_{gl}}{C_L}$ $f_{Br} = f_{Netz}$	U_{gl}: Ausgangsgleichspannung in V I_{gl}: Ausgangsgleichstrom in A U_{eff}: Effektivwert der Eingangswechselspannung in V I_{eff}: Effektivwert des Eingangswechselstromes in V U_{RM}: max. Diodensperrspannung in V C_L: Ladekondensator in F U_{Breff}: Effektivwert der Brummspannung in V U_{Brss}: Spitzen-Spitzenwert der Brummspannung in V f_{Netz}: Netzfrequenz in Hz f_{Br}: Frequenz der Brummspannung in Hz
Mittelpunkt (M2U) 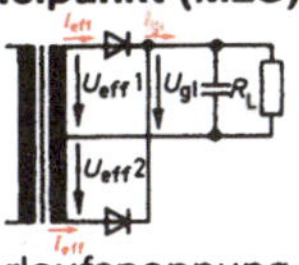 Leerlaufspannung max. Diodensperrsp. Brummspannung bei $f_{Netz} = 50$ Hz Brummfrequenz	$U_{gl} \approx 1{,}3 \cdot U_{eff}$ $I_{gl} \approx 0{,}9 \cdot I_{eff}$ $U_{gl} = \sqrt{2} \cdot U_{eff}$ $U_{RM} = 2 \cdot \sqrt{2} \cdot U_{eff}$ $U_{Breff} = \frac{1{,}8 \cdot 10^{-3} \cdot I_{gl}}{C_L}$ $U_{Brss} = \frac{7 \cdot 10^{-3} \cdot I_{gl}}{C_L}$ $f_{Br} = 2 \cdot f_{Netz}$	

Bezeichnung	Formel	Erläuterung
Brücke (B2U) 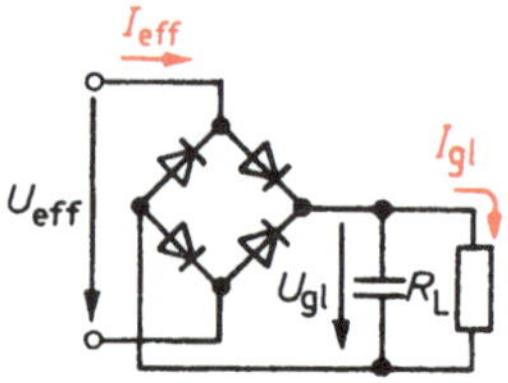	$U_{gl} \approx 1{,}3 \cdot U_{eff}$ $I_{gl} \approx 0{,}6 \cdot I_{eff}$	U_{gl}: Ausgangsgleichspannung I_{gl}: Ausgangsgleichstrom U_{eff}: Effektivwert der Eingangswechselspannung I_{eff}: Effektivwert des Eingangswechselstromes U_{RM}: max. Diodensperrspannung in V C_L: Ladekondensator in F U_{Breff}: Effektivwert der Brummspannung U_{Brss}: Spitzen-Spitzenwert der Brummspannung f_{Netz}: Netzfrequenz in Hz f_{Br}: Frequenz der Brummspannung in Hz n: Anzahl der Dioden
Leerlaufspannung	$U_{gl} = \sqrt{2} \cdot U_{eff}$	
max. Diodensperrspannung	$U_{RM} = \sqrt{2} \cdot U_{eff}$	
Brummspannung bei $f_{Netz} = 50$ Hz	$U_{Breff} = \frac{1{,}8 \cdot 10^{-3} \cdot I_{gl}}{C_L}$ $U_{Brss} = \frac{7 \cdot 10^{-3} \cdot I_{gl}}{C_L}$	
Brummfrequenz	$f_{Br} = 2 \cdot f_{Netz}$	
Verdoppler (D2) 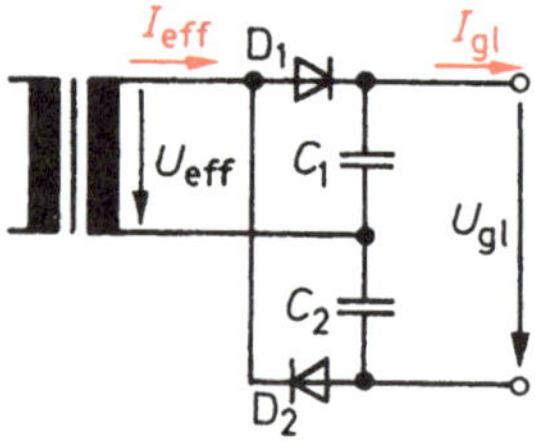	$U_{gl} \approx 2{,}5 \cdot U_{eff}$ $I_{gl} \approx 1{,}4 \cdot I_{eff}$	
Leerlaufspannung	$U_{gl} = 2\sqrt{2} \cdot U_{eff}$	
max. Diodensperrspannung	$U_{RM} = 2 \cdot \sqrt{2} \cdot U_{eff}$	
Brummspannung bei $C_1 = C_2 = C$	$U_{Breff} = \frac{0{,}4 \cdot I_{gl}}{C \cdot f_{Br}}$	
Brummfrequenz	$f_{Br} = 2 \cdot f_{Netz}$	
Kaskade (V1) 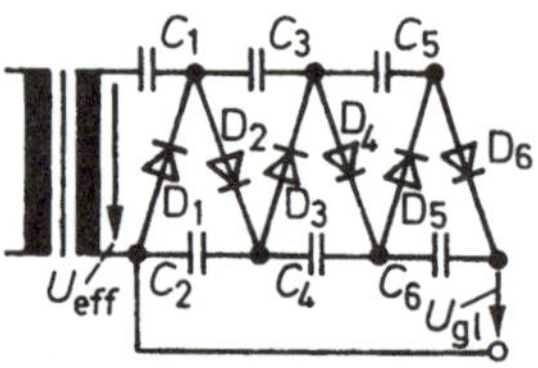	$U_{gl} \approx n \cdot 1{,}1 \cdot U_{eff}$ $I_{gl} \approx 0{,}5 \cdot I_{eff}$	
Leerlaufspannung	$U_{gl} = n \cdot \sqrt{2} \cdot U_{eff}$	
max. Diodensperrspannung	$U_{RM} = 2 \cdot \sqrt{2} \cdot U_{eff}$	
Brummspannung	$U_{Breff} = \frac{I_{gl}}{f_{Br}} \left(\frac{1}{C_1} + \frac{1}{C_2} + \ldots + \frac{1}{C_n} \right)$	
Brummfrequenz	$f_{Br} = f_{Netz}$	

Bezeichnung	Formel	Erläuterung
	Brummspannungssiebung	
Siebfaktor	$G = s = \frac{U_{Br1}}{U_{Br2}}$ $G_{ges} = G_1 \cdot G_2 \cdot \ldots \cdot G_n$	$G = s$: Glättungs- oder Siebfaktor U_{Br1}: Brummspannung am Eingang in V U_{Br2}: Brummspannung am Ausgang in V
RC-Siebung 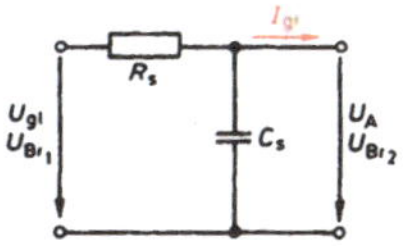 Spannungsabfall	für $R_s \gg X_{Cs}$ $G \approx \frac{R_s}{X_{Cs}}$ $G \approx \omega_{Br} \cdot R_s \cdot C_s$ $U_{Rs} \approx 0{,}1 \cdot U_{gl}$ $U_A = U_{gl} - I_{gl} \cdot R_s$	ω_{Br}: Kreisfrequenz der Brummspannung in Hz = 1/s U_A: Ausgangsgleichspannung in V U_{gl}: Eingangsgleichspannung in V I_{gl}: Ausgangsgleichstrom in A R_s: Siebwiderstand in Ω U_{Rs}: Gleichspannungsabfall an R_s in V L_s: Siebdrossel in H C_s: Siebkondensator in F R_v: Gleichstromwiderstand der Siebdrossel in Ω
LC-Siebung 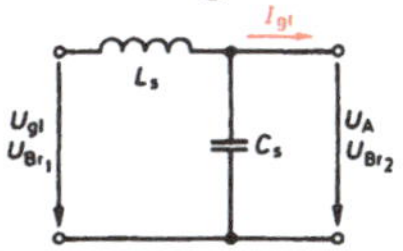 Spannungsabfall	für $X_{Ls} \gg X_{Cs}$ $G \approx \frac{X_{Ls}}{X_{Cs}}$ $G \approx \omega_{Br}^2 \cdot L_s \cdot C_s$ $U_A = U_{gl} - I_{gl} \cdot R_v$	
RZ-Siebung 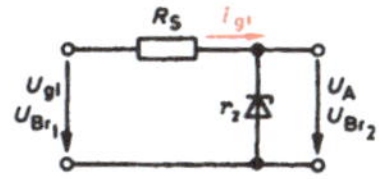 Spannungsabfall	$G \approx \omega_{Br} \cdot R_s \cdot C_Z$ $C_Z \approx \frac{1}{\omega_{Br} \cdot r_Z}$ $U_A = U_Z = U_{gl} - I_{gl} \cdot R_s$	C_Z: Ersatzkapazität der Z-Diode in F r_Z: differentieller Widerstand der Z-Diode in Ω U_Z: Spannung der Z-Diode in V
	Diodenschalter	
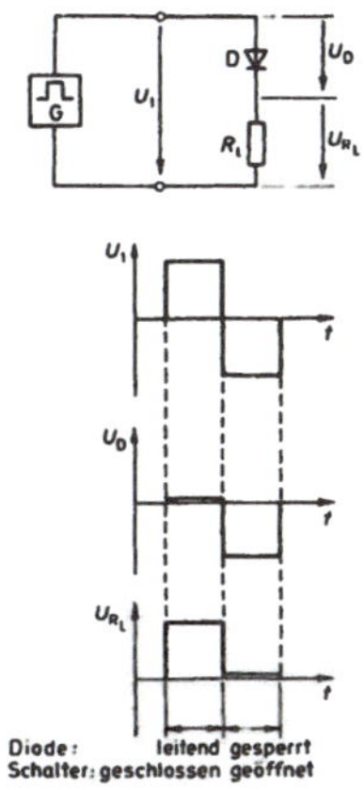	Schalter geschlossen: $U_{RL} = U_1 - U_F \approx U_1$ $U_{RL} = I_F \cdot R_L$ Schalter offen: $U_{RL} = U_1 - U_R \approx 0\,V$ $U_{RL} = I_R \cdot R_L$ Diodenverlustleistung: $P_V = U_F \cdot I_F \cdot \frac{t_i}{T}$ max. Schaltleistung: $P_{Smax} = (\frac{U_1}{U_F} - 1)\, P_{tot}$ min. Lastwiderstand $R_{Lmin} = \frac{(U_1 - U_F)^2}{P_{Smax}}$	U_F: Diodendurchlaßspannung in V I_F: Diodendurchlaßstrom in A U_R: Diodensperrspannung in V I_R: Diodensperrstrom in A P_V: Diodenverlustleistung in W t_i: Impulsdauer in s T: Periodendauer in s P_{tot}: totale Diodenverlustleistung in W P_S: Schaltleistung in W R_L: Lastwiderstand in Ω

Bezeichnung	Formel	Erläuterung
Z-Diode		
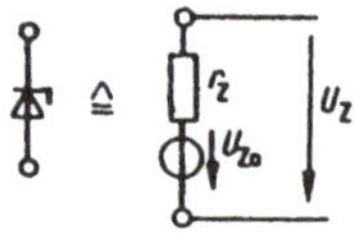 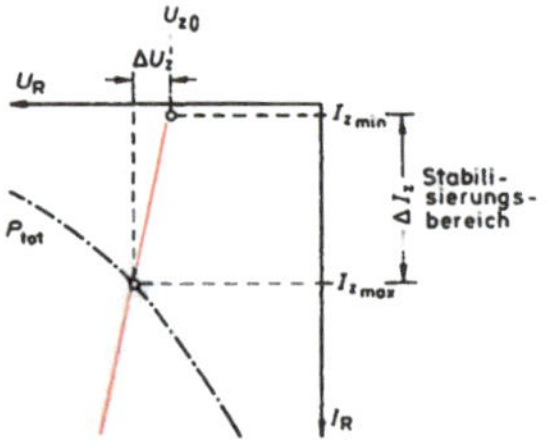 Kennlinie 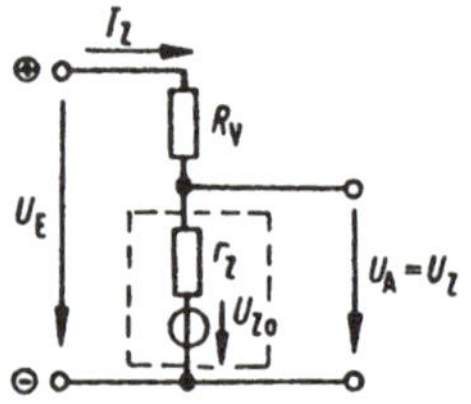 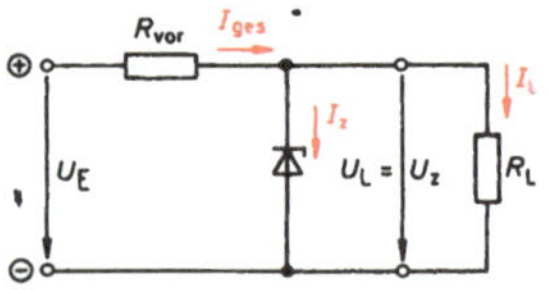 Schaltung	$r_Z = \frac{\Delta U_Z}{\Delta I_Z}$ $P_V = U_Z \cdot I_Z \leq P_{tot}$ $P_V = \frac{\vartheta_j - \vartheta_U}{R_{thJU}}$ $U_{Zwarm} = U_{Z25}\,(1 + T_{Kuz} \cdot \Delta T)$ $I_Z = \frac{U_E - U_{Z0}}{R_V + r_Z}$ $R_{vor} = \frac{U_E - U_Z}{I_Z + I_L}$ $P_V = U_{Z0} \cdot I_Z + r_Z \cdot I_Z^2$ $R_{vormin} = \frac{U_{Emax} - U_Z}{I_{Zmax} + I_{Lmin}}$ $R_{vormax} = \frac{U_{Emin} - U_Z}{I_{Zmin} + I_{Lmax}}$ $P_{Rvor} = (U_E - U_Z) \cdot I_{Zmax}$ $U_{Emin} \approx 1{,}2 \text{ bis } 2 \cdot U_Z$ $I_{Lmax} \approx 0{,}9 \cdot I_{Zmax}$ $S = \frac{\Delta U_E \cdot U_Z}{\Delta U_Z \cdot U_E}$ $S = \left(1 + \frac{R_{vor}}{r_Z}\right) - \frac{U_Z}{U_E}$	R_{vor}: Vorwiderstand in Ω U_E: unstabilisierte Eingangsspannung in V U_Z: Spannung der Z-Diode in V I_Z: Strom der Z-Diode in A I_L: Laststrom in A P_{Rvor}: Leistung am R_{vor} in W r_Z: differentieller Widerstand in Ω ΔU_Z: Z-Spannungsänderung in V ΔI_Z: Stromänderung der Z-Diode in A S: Spannungsstabilisierungsfaktor ΔU_E: Eingangsspannungsänderung in V U_{Zwarm}: Z-Spannung bei höheren Temperaturen als 25 °C in V U_{Z25}: Nennspannung der Z-Diode in V T_{Kuz}: Temperaturbeiwert einer Z-Diode in 1/K ΔT: Temperaturänderung in K P_{tot}: tot. Verlustleistung in W P_V: Verlustleistung in W ϑ_j: Sperrschichttemp. in °C ϑ_U: Umgebungstemp. in °C R_{thJU}: Wärmewiderstand zwischen Sperrschicht und Umgebung in K/W
Kapazitätsdiode		
Schaltzeichen Ersatzschaltung  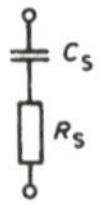 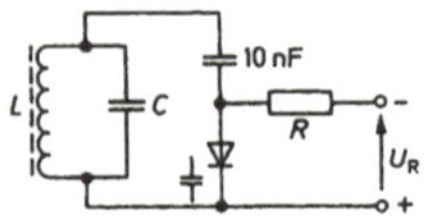	$Q = \frac{1}{\tan \delta} = \frac{X_{Cs}}{R_s}$ $Q = \frac{1}{2\pi \cdot f \cdot C_s \cdot R_s}$ $f_0 = \frac{1}{2\pi \sqrt{L \cdot (C + C_D)}}$	Q: Güte dimensionslos $\tan \delta$: Verlustfaktor dimensionslos C_s: Reihenersatzkapazität in F R_s: Reihenersatzwiderstand in Ω C_D: Diodenkapazität in F

<table>
<tr><th>Bezeichnung</th><th>Formel</th><th>Erläuterung</th></tr>
<tr><td colspan="3">

Nichtlineare Widerstände

</td></tr>
<tr><td>

NTC-Widerstand
(Heißleiter)

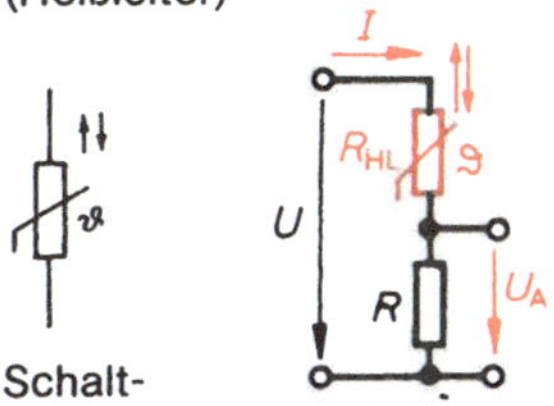

Schalt-
zeichen Schaltung

</td><td>

$R_{HL} = R_N \cdot e^{B\left(\frac{1}{T} - \frac{1}{T_N}\right)}$
$B = 2000\,\text{K} \ldots 5000\,\text{K}$
$\alpha_{HL} = \frac{-B \cdot 100}{T^2}$
$U_A = U \cdot \frac{R}{R + R_{HL}}$

</td><td>

R_{HL}: Heißleiterwert in Ω bei der Temperatur T in K
R_N: Nennheißleiterwert in Ω bei der Nenntemperatur in K
B: Materialkonstante in K
α_{HL}: Temperaturkoeffizient in %/K
T: Betriebstemperatur in K
T_N: Nenntemperatur in K

</td></tr>
<tr><td>

PTC-Widerstand
(Kaltleiter)

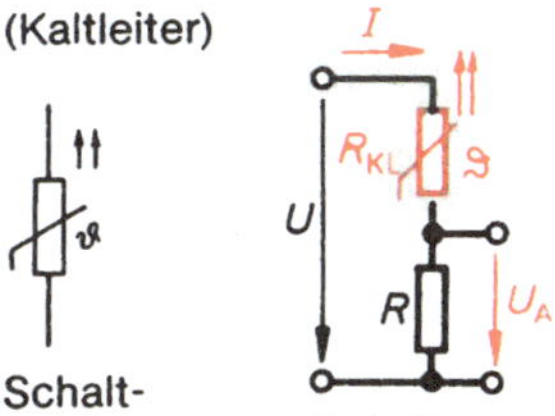

Schalt-
zeichen Schaltung

</td><td>

$R_N = 2 \cdot R_A$
$\alpha \approx \frac{\ln (R_2/R_1)}{\vartheta_2 - \vartheta_1}$
$U_A = U \cdot \frac{R}{R + R_{KL}}$

</td><td>

R_N: Nennwiderstand (bei ϑ_N) in Ω
R_A: Anfangswiderstand (bei ϑ_A) in Ω
α: Temperaturkoeffizient in 1/K
R_1; R_2: Widerstand in Ω für zwei Punkte oberhalb der Nenntemperatur
ϑ_1; ϑ_2: Temperatur in °C für die zwei Punkte

</td></tr>
<tr><td>

Spannungsabhängiger Widerstand
(VDR)

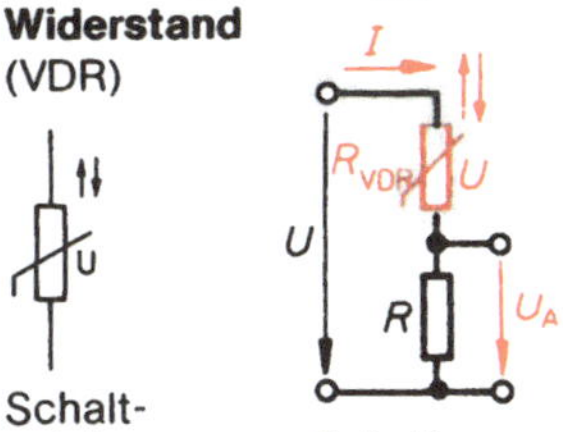

Schalt-
zeichen Schaltung

</td><td>

$I = K \cdot U^{\alpha}$
$R = \frac{U}{I} = \frac{1}{K \cdot U^{(\alpha - 1)}}$
$P = U \cdot I = K \cdot U^{(\alpha + 1)}$
$\alpha = \frac{\lg I_2 - \lg I_1}{\lg U_2 - \lg U_1}$
$U_A = U \cdot \frac{R}{R + R_{VDR}}$

</td><td>

I: Strom durch d. VDR in A
U: Spannung am VDR in V
K: Elementkonstante in A/V (von der Geometrie abhängig)
α: Nichtlinearitätsexponent
I_1; I_2: Strom zweier Punkte in A
U_1; U_2: Spannung zweier Punkte in V
P: Leistung in W

</td></tr>
<tr><td>

Hallgenerator

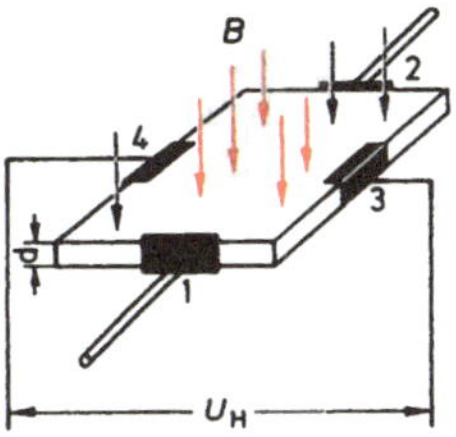

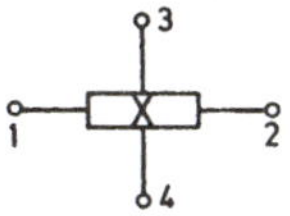

</td><td>

$U_H = R_H \frac{I \cdot B}{d}$

<table>
<tr><th>Material</th><th>R_H in m³/As</th></tr>
<tr><td>Gemanium</td><td>$1 \cdot 10^{-3}$</td></tr>
<tr><td>Wismut</td><td>$0{,}5 \cdot 10^{-6}$</td></tr>
<tr><td>Indium-antimonid</td><td>$240 \cdot 10^{-6}$</td></tr>
<tr><td>Indium-arsenid</td><td>$120 \cdot 10^{-6}$</td></tr>
</table>

</td><td>

U_H: Hallspannung in V
I: Erregerstrom in A
B: magnetische Flußdichte in Vs/m² = T
d: Dicke des Plättchens in m
R_H: Hallkonstante in m³/As

</td></tr>
</table>

Bezeichnung	Formel	Erläuterung

Optoelektronik

Lichttechnische Grundgrößen

Bezeichnung	Formel	Erläuterung
Wellenlänge 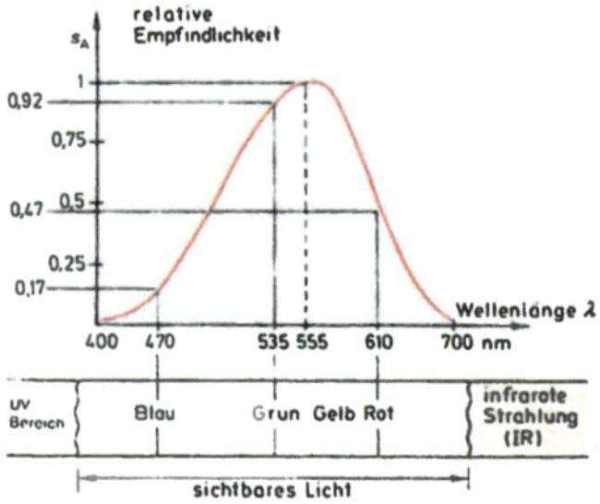	$\lambda = \frac{Co}{f}$ $\Phi_v = P \cdot M_v \cdot s_A$ sichtbares Licht: $I_v = \frac{\Phi_v}{\Omega}$; unsichtbares Licht: $I_e = \frac{\Phi_e}{\Omega}$ $E_v = \frac{I_v}{r^2}$; $E_e = \frac{I_e}{r^2}$ $E_v = \frac{\Phi_v}{A}$; $E_e = \frac{\Phi_e}{A}$ $\eta_v = \frac{\Phi_v}{P}$; $\eta_e = \frac{\Phi_e}{P}$	λ: Wellenlänge in m Co: Lichtgeschwindigkeit Co = 3 · 10^8 m/s f: Frequenz in Hz = 1/s Φ_v: Lichtstrom in Lumen (lm) M_v: Lichtgleichwert = 682 lm/W P: Leistung in W s_A: relative Empfindlichkeit I_v: Lichtstärke in lm/s_r = cd (Candela) I_e: Strahlstärke in W/s_r Φ_v: Lichtstrom in Lumen (lm) Φ_e: Strahlungsleistung in Watt Ω: Raumwinkel in Steradiant (s_r) E_v: Beleuchtungsstärke in Lux (lx) E_e: Bestrahlungsstärke in W/m² r: Entfernung im m A: beleuchtete Fläche in m² $\eta_e = \eta_v$: Lichtausbeute

Fotowiderstand

Bezeichnung	Formel	Erläuterung
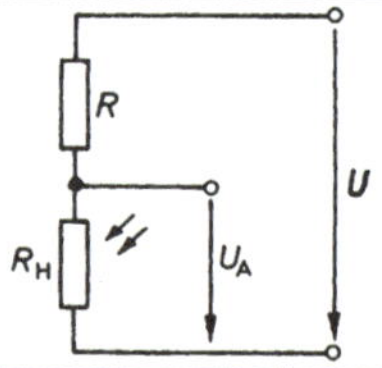	R_H aus der Kennlinie $U_A = U \cdot \frac{R_H}{R_H + R}$	R_H: Hellwiderstand in Ω U_A: Ausgangsspannung in V U: Gesamtspannung in V R: Vorwiderstand in Ω

Lumineszenzdiode (LED)

Bezeichnung	Formel	Erläuterung
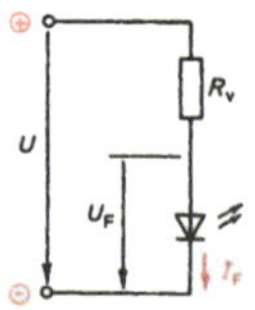	$R_v = \frac{U - U_F}{I_F}$	R_v: Vorwiderstand in Ω U: Betriebsspannung in V U_F: Durchlaßspannung in V I_F: Durchlaßstrom in A

Optokoppler

Bezeichnung	Formel	Erläuterung
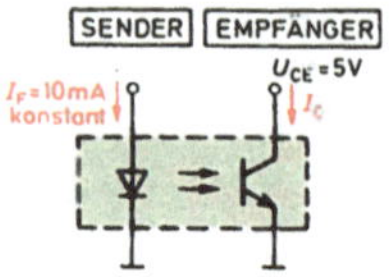	$V_i = K = \frac{I_C}{I_F}$	V_i: Stromübertragungsfaktor K: Koppelfaktor I_F: Durchlaßstrom der Diode in A I_C: Kollektorstrom in A

Bezeichnung	Formel	Erläuterung
Bipolare Transistoren		
Kennwerte		
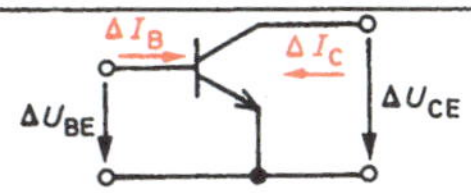	$I_E = I_B + I_C$	$U_T \approx 26$ mV bei $\vartheta_j = 25$ °C I_E: Emittergleichstrom I_C: Kollektorgleichstrom I_B: Basisgleichstrom P_{tot}: totale Verlustleistung P_V: Verlustleistung ΔU_{CE}: Kollektor-Emitter-spannungsänderung ΔI_C: Kollektorstromänderung ΔU_{BE}: Basis-Emitter-spannungsänderung ΔI_B: Basisstromänderung ϑ_j: Sperrschicht-temperatur ϑ_U: Umgebungs-temperatur R_{thJU}: Wärmewiderstand zwischen Sperrschicht und Umgebung in K/W R_{thJG}: Wärmewiderstand zwischen Sperrschicht und Gehäuse in K/W $R_{thG/K}$: Wärmewiderstand zwischen Gehäuse und Kühlkörper in K/W R_{thK}: Wärmewiderstand des Kühlkörpers in K/W β: Stromverstärkung bei $f = 1$ kHz f_g: Grenzfrequenz in Hz
Kurzschluss-eingangswiderstand	$r_{BE} \approx \beta \cdot \frac{U_T}{I_C}$ $h_{11e} = r_{BE} = \frac{\Delta U_{BE}}{\Delta I_{BE}}$ bei U_{CE} = const.	
Kurzschlussstrom-verstärkung	$h_{21e} = \beta = \frac{\Delta I_C}{\Delta I_B}$ bei U_{CE} = const.	
Leerlaufausgangsleitwert	$h_{22e} = 1/r_{CE} = \frac{\Delta I_C}{\Delta U_{CE}}$ bei I_B = const.	
Leerlaufspannungs-rückwirkung	$h_{12e} = D_U = \frac{\Delta U_{BE}}{\Delta U_{CE}}$ bei I_B = const.	
Gleichstromverstärkung	$B = \frac{I_C}{I_B}$	
Verlustleistung	$P_V = U_{CE} \cdot I_C + U_{BE} \cdot I_B \leq P_{tot}$ $P_V \approx U_{CE} \cdot I_C \leq P_{tot}$ $P_V = \frac{\vartheta_j - \vartheta_U}{R_{thJU}}$ $R_{thJU} = R_{thJG} + R_{thG/K} + R_{thK}$	
Transitfrequenz	$f_T = \beta \cdot f_g$	
Arbeitspunkteinstellung		
Basisvorwiderstand 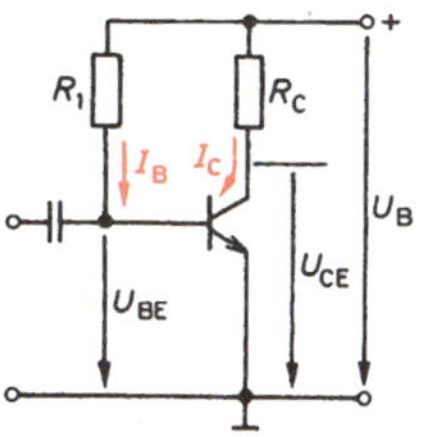	$R_1 = \frac{U_B - U_{BE}}{I_B}$ $R_C = \frac{U_B - U_{CE}}{I_C}$ $I_B = \frac{I_C}{B}$	U_B: Betriebsspannung U_{BE}: Basis-Emitter-Spannung I_B: Basisstrom I_C: Kollektorstrom B: Gleichstromverstärkung

Bezeichnung	Formel	Erläuterung

Arbeitspunkteinstellung

Bezeichnung	Formel	Erläuterung
Basisspannungsteiler 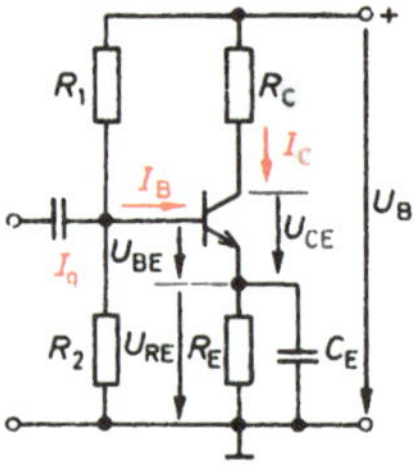	$R_C = \frac{U_B - U_{CE} - U_{RE}}{I_C}$ $R_1 = \frac{U_B - U_{BE} - U_{RE}}{I_q + I_B}$ $R_2 = \frac{U_{BE} + U_{RE}}{I_q}$ $I_q \approx 2 \cdot I_B$ bis $10 \cdot I_B$ $R_E = \frac{U_{RE}}{I_C + I_B} \approx \frac{U_{RE}}{I_C}$ $C_E = \frac{h_{21e}}{2\pi \cdot f_{gu}(h_{11e} + R_i)}$	U_B: Betriebsspannung U_{CE}: Kollektor-Emitter-Spannung U_{RE}: Spannungs-Abfall an R_E U_{BE}: Basis-Emitter-Spannung I_C: Kollektorstrom I_B: Basisstrom I_q: Querstrom $h_{21e} = \beta$: Kurzschlußstromverstärkung f_{gu}: untere Grenzfrequenz $h_{11e} = r_{BE}$: Transistoreingangswiderstand R_i: Generatorinnenwiderstand
Vorwiderstand Kollektor/Basis 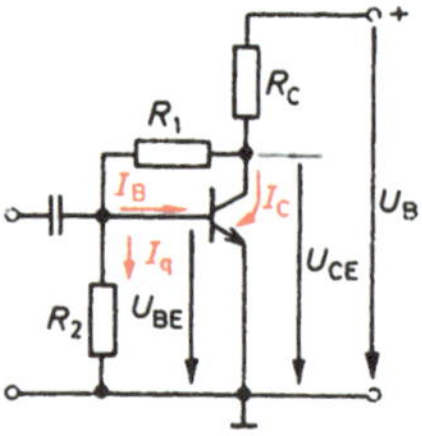	$R_C = \frac{U_B - U_{CE}}{I_C + I_B + I_q}$ $R_1 = \frac{U_{CE} - U_{BE}}{I_B + I_q}$ $R_2 = \frac{U_{BE}}{I_q}$ $I_q \approx 2 \cdot I_B$ bis $10 \cdot I_B$	

Transistor-Grundschaltungen

Bezeichnung	Formel	Erläuterung
Emitterschaltung 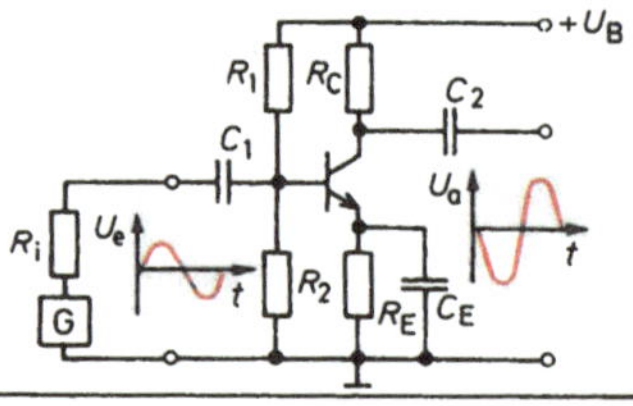		$r_{BE} = h_{11e}$: Kurzschluß-Eingangswiderstand R_1; R_2: Basisspannungsteiler R_E: Emitterwiderstand C_E: Emitterkondensator $\beta = h_{21e}$: Kurzschlußstromverstärkung
Wechselstromeingangswiderstand	$r_e = r_{BE} \parallel R_1 \parallel R_2$ $r_e \approx r_{BE}$ ohne C_E $r_e = (r_{BE} + \beta \cdot R_E) \parallel R_1 \parallel R_2$	

Bezeichnung	Formel	Erläuterung
Wechselstromausgangs-widerstand	$r_a = R_C \parallel r_{CE}$ $r_a \approx R_C$	
Spannungsverstärkung (unbelastet)	$V_u = \frac{\beta}{r_{BE}} \cdot \frac{r_{CE} \cdot R_C}{r_{CE} + R_C}$ $V_u \approx \frac{\beta \cdot R_C}{r_{BE}}$ ohne C_E $V_u \approx \frac{\beta \cdot R_C}{r_{BE} + \beta \cdot R_E} \approx \frac{R_C}{R_E}$	
Stromverstärkung (unbelastet)	$V_i = \frac{\beta \cdot r_{CE}}{R_C + r_{CE}}$ $V_i \approx \beta$	
Leistungsverstärkung (unbelastet)	$V_p = V_u \cdot V_i$ $V_p \approx \beta^2 \cdot \frac{R_C}{r_{BE}}$	$\beta =$ h_{21e}: Kurzschluß-stromverstärkung $r_{CE} =$ $1/h_{22e}$: Leerlauf-Ausgangs-widerstand $r_{BE} =$ h_{11e}: Kurzschluß-Eingangs-widerstand r_e: Wechselstrom-Eingangs-widerstand r_a: Wechselstrom-Ausgangs-widerstand R_C: Kollektor-widerstand R_E: Emitter-widerstand
Kollektorschaltung 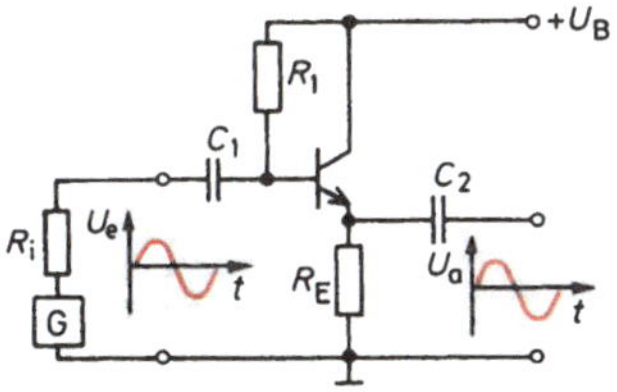 		
Wechselstromeingangs-widerstand	$r_e = (r_{BE} + \beta \cdot R_E) \parallel R_1$	
Wechselstromausgangs-widerstand	$r_a = \frac{r_{BE} + R_i}{\beta} \parallel R_E$	
Spannungsverstärkung (unbelastet)	$V_u = \frac{\beta \cdot R_E}{\beta \cdot R_E + r_{BE}}$ $V_u \approx 1$	
Stromverstärkung (unbelastet)	$V_i = \frac{r_{CE}(1 + \beta)}{R_E + r_{CE}}$ $V_i \approx \beta$	
Leistungsverstärkung (unbelastet)	$V_p = V_u \cdot V_i$ $V_p \approx \beta$	

Bezeichnung	Formel	Erläuterung
Basisschaltung 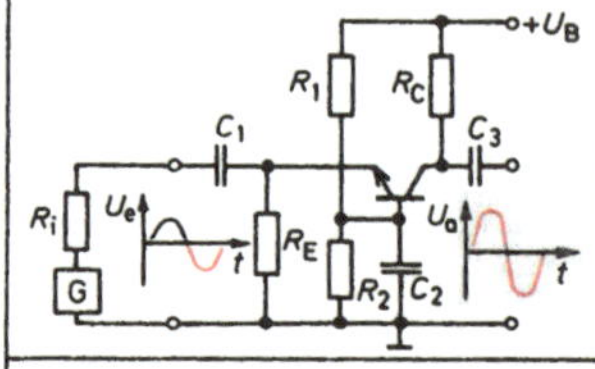 		
Wechselstromeingangs-widerstand	$r_e = \frac{r_{BE}}{\beta} \parallel R_E$	$\beta =$ h_{21e}: Kurzschlußstrom-verstärkung $r_{CE} =$ $1/h_{22e}$: Leerlauf-Ausgangs-widerstand $r_{BE} =$ h_{11e}: Kurzschluß-Eingangs-widerstand r_e: Wechselstrom-Eingangs-widerstand r_a: Wechselstrom-Ausgangs-widerstand R_C: Kollektorwiderstand R_E: Emitterwiderstand
Wechselstromausgangs-widerstand	$r_a = R_C \parallel r_{CE}$ $r_a \approx R_C$	
Spannungsverstärkung (unbelastet)	$V_u = \frac{\beta}{r_{BE}} \cdot \frac{r_{CE} \cdot R_C}{r_{CE} + R_C}$ $V_u \approx \frac{\beta \cdot R_C}{r_{BE}}$	
Stromverstärkung (unbelastet)	$V_i = \frac{\beta}{1+\beta}$ $V_i \approx 1$	
Leistungsverstärkung (unbelastet)	$V_p = V_u \cdot V_i$ $V_p \approx V_u$	

Feldeffekttransistoren

Kennwerte

Bezeichnung	Formel	Erläuterung
Abschnürspannung (Kniespannung)	$U_{DS\,Rest} = U_{GS} - U_p$	$U_{DS\,Rest}$: Knie- oder Restspannung U_{GS}: Gate-Source-Spannung U_p: Abschnürspannung
Eingangswiderstand	$R_{GS} = \frac{U_{GS}}{I_{GSS}}$	R_{GS}: Eingangswiderstand U_{GS}: Gate-Source-Spannung I_{GSS}: Gate-Source-Reststrom
Ausgangswiderstand	bei U_{GS} = const. $y_{22} = \frac{\Delta I_D}{\Delta U_{DS}}$ $r_{DS} = \frac{1}{y_{22}}$	ΔI_D: Drainstromänderung ΔU_{DS}: Drain-Source-Spannungsänderung y_{22}: Ausgangsleitwert in S r_{DS}: Ausgangswiderst. in Ω
Steilheit	bei U_{DS} = const. $y_{21} = S = \frac{\Delta I_D}{\Delta U_{GS}}$	$S = y_{21}$: Vorwärtssteilheit in A/V ΔI_D: Drainstromänderung ΔU_{GS}: Gate-Source-spannungsänderung

Bezeichnung	Formel	Erläuterung
Spannungsverstärkung	$V_U = \frac{u_D}{u_G}$ $V_U = S \cdot \frac{R_D \cdot r_{DS}}{R_D + r_{DS}}$ bei $r_{DS} \gg R_D$ $V_U \approx S \cdot R_D$	u_D: Ausgangswechselspannung u_G: Eingangswechselspanng. R_D: Arbeitswiderstand S: Vorwärtssteilheit in A/V r_{DS}: Ausgangswiderst. in Ω P_{tot}: tot. Verlustleistung in W U_{DS}: Drain-Source-Spannung I_D: Drainstrom ϑ_j: höchste Sperrschicht-temperatur in °C (auch ϑ_k = Kanaltemperatur) ϑ_u: Umgebungstemp. in °C R_{thU}: Wärmewiderstand zwischen Kanal und Umgeb. in K/W
Verlustleistung	$P_V = U_{DS} \cdot I_D \leqq P_{tot}$ $P_V = \frac{\vartheta_j - \vartheta_u}{R_{thU}}$	
	Arbeitspunkteinstellung	
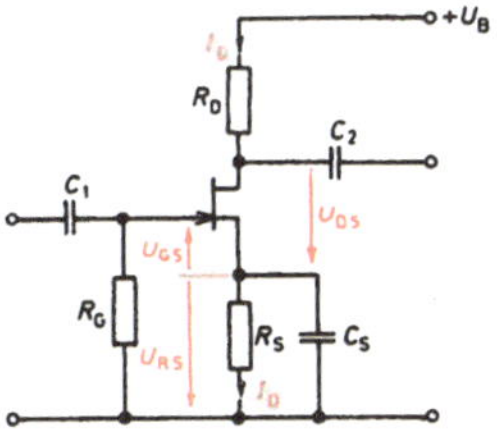	$R_D = \frac{U_B - U_{DS}}{I_D}$ $R_D = \frac{U_B - U_{DS} - U_{RS}}{I_D}$ $U_{RS} = -U_{GS} = R_S \cdot I_D$ $R_G \approx \frac{0{,}5\,V}{-I_{GSS}}$ $C_S \approx \frac{S}{2\pi \cdot f_{gu}}$ $C_1 \approx \frac{1}{2\pi \cdot f_{gu} \cdot R_G}$	U_B: Betriebsspannung U_{DS}: Drain-Source-Spannung U_{GS}: Gate-Source-Spannung I_D: Drainruhestrom im Arbeitspunkt R_S: Sourcewiderstand U_{RS}: Spannungsabfall am Sourcewiderstand = $-U_{GS}$ I_{GSS}: Gate-Source-Spitzenrestrom in A C_S: Sourcekondensator $S = y_{21}$: Steilheit in A/V f_{gu}: untere Grenzfreq. in Hz C_1: Koppelkondensator R_G: Gatewiderstand
	FET-Grundschaltungen	
Source-schaltung 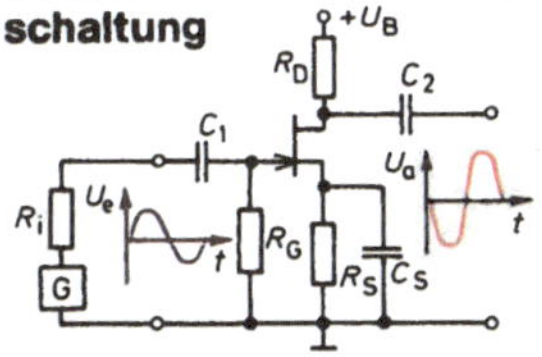		R_G: Gatewiderstand R_{GS}: Eingangswiderstand R_D: Arbeitswiderstand r_{DS}: Ausgangswiderstand $S = y_{21}$: Steilheit in A/V
Wechselstromeingangs-widerstand	$r_e = R_G \parallel R_{GS}$ $r_e \approx R_G$	
Wechselstromausgangs-widerstand	$r_a = R_D \parallel r_{DS}$ $r_a \approx R_D$	
Spannungsverstärkung (unbelastet)	$V_U = S \cdot \frac{r_{DS} \cdot R_D}{r_{DS} + R_D}$ $V_U \approx S \cdot R_D$	

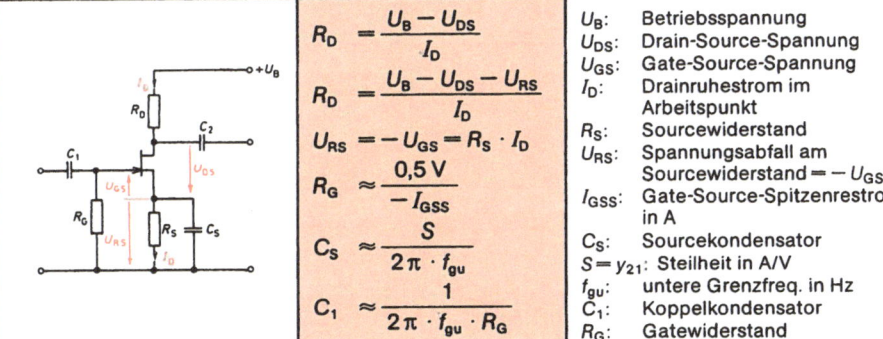

Bezeichnung	Formel	Erläuterung
Drain-schaltung 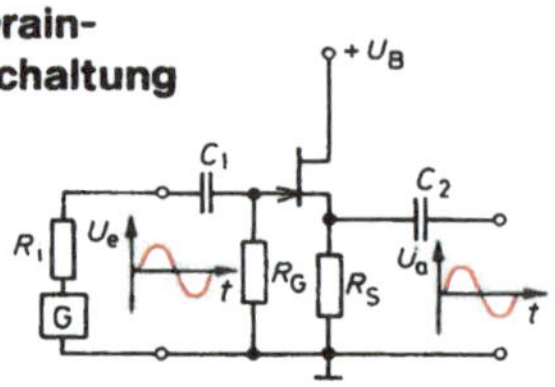		
Wechselstromeingangs-widerstand	$r_e = (1 + S \cdot R_S) \cdot R_{GS} \parallel R_G$	$S = y_{21}$: Steilheit in A/V R_S: Source-widerstand R_{GS}: Eingangs-widerstand R_G: Gate-widerstand
Wechselstromausgangs-widerstand	$r_a = \frac{1}{S} \parallel R_S$ $r_a \approx \frac{1}{S}$	
Spannungsverstärkung (unbelastet)	$V_U = \frac{S \cdot R_S}{1 + S \cdot R_S}$ $V_U \approx 1$	
Gateschaltung 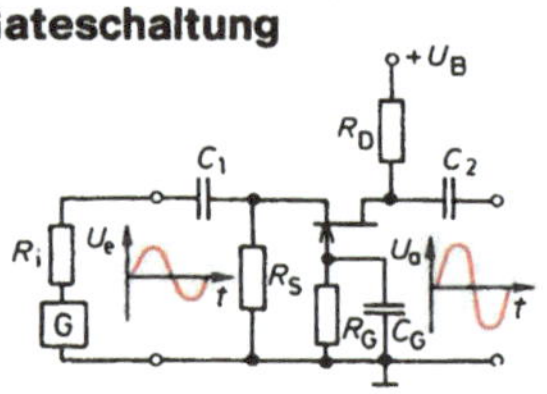		
Wechselstromausgangs-widerstand	$r_a \approx R_D$	R_D: Arbeits-widerstand $S = y_{21}$: Steilheit in A/V
Spannungsverstärkung	$V_U \approx S \cdot R_D$	
steuerbarer Widerstand 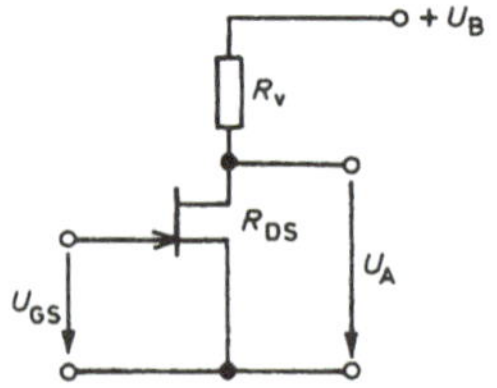	$R_{DS} = \frac{U_{DS}}{I_D}$ $U_A = U_B \cdot \frac{R_{DS}}{R_v + R_{DS}}$	R_{DS}: Kanalwiderstand im ohmschen Bereich U_{DS}: Drain-Source-spannung I_D: Drainstrom R_v: Vorwiderstand U_A: Ausgangs-spannung U_B: Betriebs-spannung

Bezeichnung	Formel	Erläuterung
Zuverlässigkeit von Bauelementen und Schaltungen		
Ausfallfaktor	$a = \frac{n_A}{n}$	a: Ausfallfaktor, dimensionslos n_A: Anzahl der ausgefallenen Bauelemente n: Anzahl der erprobten Bauelemente
Langzeitausfallrate	$\lambda = \frac{n_A}{n \cdot t_b} = \frac{a}{t_b}$	λ: Langzeitausfallrate in h^{-1} oder fit 1 fit = $10^{-9}\ h^{-1}$ t_b: Betriebszeit in h
mittlerer Ausfallabstand (Mean Time Between Failures)	$MTBF = \frac{1}{\Sigma \lambda}$	$\Sigma \lambda$: Langzeitausfallrate aller Bauelemente in h^{-1}
Raffungsfaktor	$F = e^{k_B \left(\frac{1}{T_1} - \frac{1}{T_2} \right)}$	k_B: Bauelement-Koeffizient in K T_1: niedrige absolute Temperatur in K T_2: höchste absolute Temperatur in K 0 °C = 273 K F: Raffungsfaktor dimensionslos
Netzgeräte		
Kennwerte stabilisierter Netzgeräte		
Innenwiderstand	$R_i = \frac{\Delta U}{\Delta I}$	R_i: Innenwiderstand des Gerätes ΔU: Ausgangsspannungs-änderung ΔI: Ausgangsstromänderung
Konstantspannungsquelle	$R_i \ll R_L$	R_L: Lastwiderstand
Konstantstromquelle	$R_i \gg R_L$	G: Glättungsfaktor S: Stabilisierungsfaktor
Glättungsfaktor	$G = \frac{\Delta U_E}{\Delta U_A}$	ΔU_E: Eingangsspannungs-änderung ΔU_A: Ausgangsspannungs-änderung
Stabilisierungsfaktor	$S = \frac{\Delta U_E \cdot U_A}{\Delta U_A \cdot U_E}$ $S = S_1 \cdot S_2 \cdot S_3 \cdot \ldots \cdot S_n$	U_E: unstab. Eingangsspannung U_A: stab. Ausgangsspannung T_K: Temperaturbeiwert in %/K ΔT: Temperaturänderung in K
Temperaturverhalten	$T_K = \frac{\Delta U_A \cdot 100}{U_A \cdot \Delta T}$	

Bezeichnung	Formel	Erläuterung
Spannungsstabilisierte Netzgeräte		
Spannungsstabilisierung mit Transistor 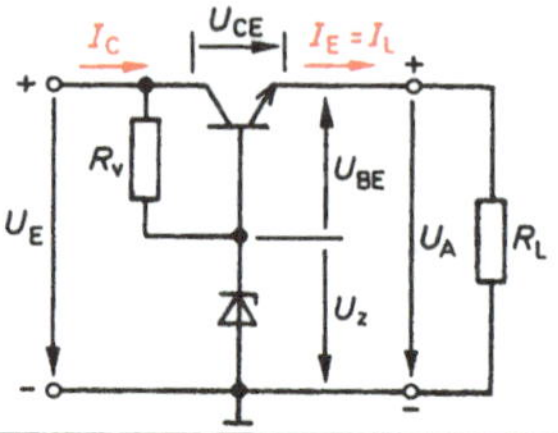 	$I_E = I_L \approx I_C$ $U_E = U_A + U_{CE}$ $U_A = U_Z - U_{BE}$ $R_v = \frac{U_E - U_Z}{I_Z + I_B}$ $I_B = \frac{I_C}{B}$ $R_i \approx \frac{r_Z}{\beta}$	U_E: unstab. Eingangsspanng. U_A: stab. Ausgangsspannung U_Z: Z-Spannung U_{CE}: Kollektor-Emitterspanng. U_{BE}: Basis-Emitterspannung I_Z: Strom durch die Z-Diode I_C: Kollektorstrom I_B: Basisstrom B: Gleichstromverstärkung R_i: Innenwiderst. der Schalt. r_Z: dyn. Innenwiderstand der Z-Diode β: Stromverstärkungsfaktor des Transistors
Spannungsstabilisierung mit Operationsverstärker 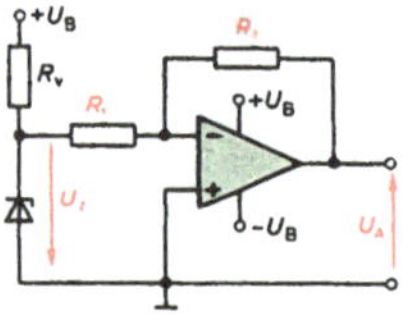 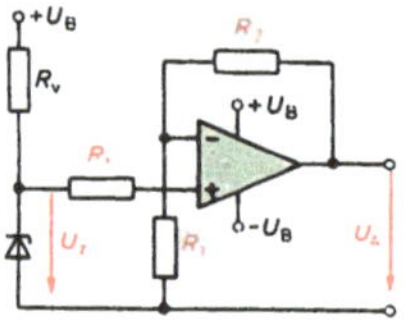 	$U_A = -\frac{R_2}{R_1} \cdot U_Z$ $R_v = \frac{U_B - U_Z}{I_Z}$ $U_A = \left(1 + \frac{R_2}{R_1}\right) \cdot U_Z$ $R_v = \frac{U_B - U_Z}{I_Z}$	U_A: stabilisierte Ausgangsspannung U_Z: Z-Spannung R_1; R_2: Gegenkopplungswiderstände R_v: Vorwiderstand U_B: Betriebsspannung I_Z: Strom durch die Z-Diode
Spannungsstabilisierung mit integrierter Schaltung 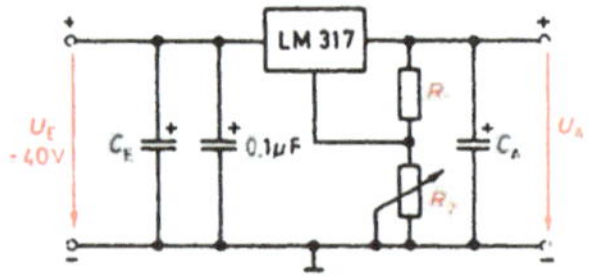 	$U_A = 1{,}25\,V \left(1 + \frac{R_2}{R_1}\right)$ $C_A \leq 10\mu F$	
Stromstabilisierte Netzgeräte		
Konstantstromquelle mit Transistor 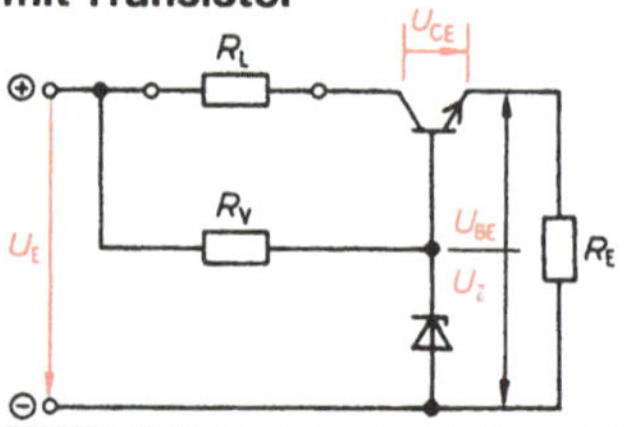 	$I_E \approx I_C = I_L$ $U_E = U_{RL} + U_{CE} + U_{RE}$ $U_{RE} = U_Z - U_{BE}$ $R_E = \frac{U_{RE}}{I_E}$ $R_v = \frac{U_E - U_Z}{I_Z + I_B}$ $R_i \approx \beta \cdot r_{CE}$	I_E: Emitterstrom I_L: Laststrom I_B: Basisstrom I_Z: Z-Diodenstrom U_{RE}: Spannungs-Abfall an R_E U_{RL}: Spannungs-Abfall an R_L R_i: Innenwiderstand der Schaltung β: Stromverstärkung r_{CE}: Leerlaufausgangswiderst. des Transistors

Bezeichnung	Formel	Erläuterung
Konstantstromquelle mit FET 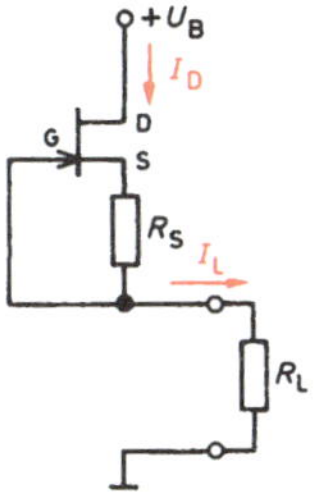	$I_L = I_D = \frac{U_{GS}}{R_S}$ $-U_{GS} = I_D \cdot R_S$ $R_i \approx k \cdot \frac{\Delta U_{DS}}{\Delta I_D}$	U_{GS}: Gate-Source-Spannung I_D: Drainstrom I_L: Laststrom R_S: Sourcewiderstand R_i: Innenwiderstand der Schaltung k: Gegenkopplungsfaktor $k \approx 20$ bis 100 ΔU_{DS}: Drain-Source-Spannungsänderung ΔI_D: Drainstromänderung
Konstantstromquelle mit Op 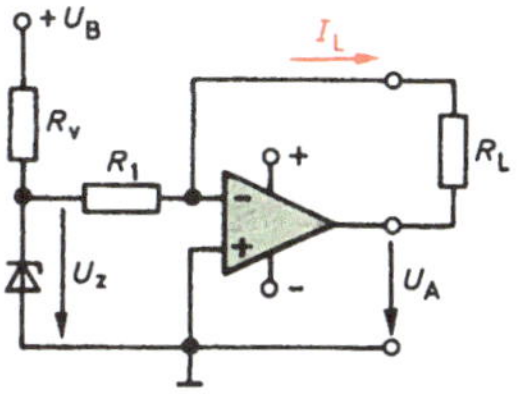	$I_L = I_1 \approx \frac{U_Z}{R_1}$ $R_i \approx V \cdot R_1$	I_1: Strom durch R_1 U_Z: Spannung der Z-Diode V: Leerlaufverstärkung des Op.

Schaltnetzgerät

Bezeichnung	Formel	Erläuterung
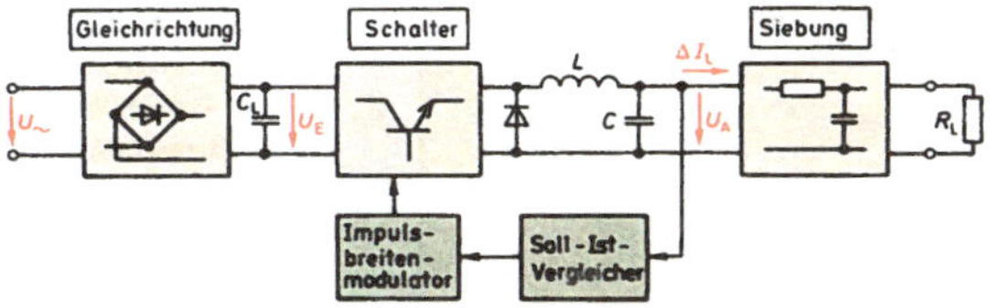	$U_A = \frac{U_E \cdot t_i}{T}$ $U_E = 1{,}3 \cdot U\sim$ $f = \frac{1}{T}$ $T = t_i + t_p$ $L = \frac{(U_E - U_A) \cdot U_A}{\Delta I_L \cdot f \cdot U_E}$ $C \approx 20 \frac{\Delta I_L \cdot t_p}{\Delta U_A}$	$U\sim$: Eingangswechselspannung U_A: Ausgangswechselspannung U_E: Eingangsgleichspannung t_i: Einschaltdauer t_p: Pausendauer T: Periodendauer f: Schaltfrequenz ΔI_L: Laststromänderung ΔU_A: Ausgangsspannungsschwankung L: Längsdrossel C: Ladekondensator

Bezeichnung	Formel	Erläuterung

Verstärker

Wechselspannungsverstärker

einstufiger Verstärker

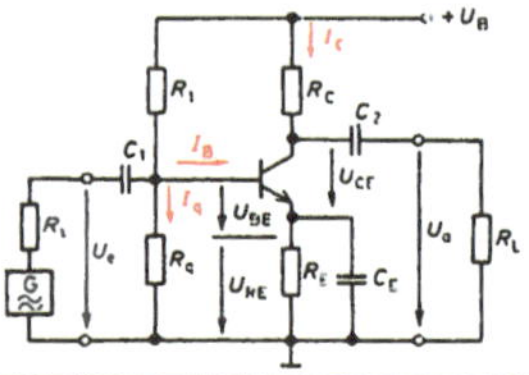

Arbeitspunkt:
(wenn nicht anders angegeben)

$I_C \approx 0{,}1\ \text{mA} \ldots 10\ \text{mA}$

$U_{CE} \approx \frac{U_B}{2}$

$U_{BE} \approx 0{,}7\ \text{V}$

$U_{RE} \approx 1\ \text{V} \ldots \frac{U_B}{4}$

Widerstände:

$$R_C = \frac{U_B - U_{CE} - U_{RE}}{I_C}$$

$$R_E \approx \frac{U_{RE}}{I_C}$$

$$R_E \approx 0{,}05 \ldots 0{,}2\, R_C$$

$$I_q = I_B \ldots 10\, I_B$$

$$R_q = \frac{U_{RE} + U_{BE}}{I_q}$$

$$R_1 = \frac{U_B - U_{RE} - U_{BE}}{I_q + I_B}$$

Kondensatoren:

n	y
2	0,64
3	0,51
4	0,43
5	0,39

$$f_{grenz} = \frac{1}{2\pi \cdot R \cdot C}$$

$$S = \sqrt[n]{0{,}707}$$

$$f_u = f_{grenz} \sqrt{1/S^2 - 1}$$

$$f_u = f_{grenz} \cdot y$$

$$C_E = \frac{\beta}{2\pi \cdot f_u\,(R_{Gen} + h_{11e})}$$

$$C_1 = \frac{1}{2\pi \cdot f_u\,(r_e + R_{Gen})}$$

R_{Gen} ist meistens R_C der Vorstufe

$$r_e = h_{11e} \parallel R_1 \parallel R_q$$

$$C_2 = \frac{1}{2\pi \cdot f_u\,(r_a + R_L)}$$

$$r_a = R_C \parallel r_{CE}$$

R_L ist meistens r_e der nachfolgenden Stufe

Verstärkung:

$$V_U = \frac{U_a}{U_e}$$

$$V_U = \frac{\beta}{r_{BE}} \cdot \frac{r_a \cdot R_L}{r_a + R_L}$$

$$r_a = R_C \parallel r_{CE}$$

Erläuterung:

- U_{CE}: Kollektor-Emitter-Spannung
- U_{BE}: Basis-Emitter-spannung
- U_{RE}: Spannungsabfall an R_E
- I_C: Kollektorstrom
- I_B: Basisstrom
- I_q: Strom durch R_q
- f_{grenz}: Grenzfrequenz
- S: Schwächung pro Stufe
- n: Anzahl der Ursachen der Frequenzbeeinflussung
- y: Faktor zur Reduzierung der Grenzfrequenz
- f_u: untere Übertragungsfrequenz
- C_E: Emitterkondensator
- $C_{1,2}$: Koppelkondensator
- r_e: wirksamer Eingangswiderstand der Stufe
- R_{Gen}: Generator-innenwiderstand
- R_1; R_q: Basisspannungs-widerstand
- h_{11e}: Transistoreingangswiderstand
- r_a: wirksamer Ausgangswiderstand
- R_C: Kollektorwiderstand
- r_{CE}: Leerlauf-Ausgangswiderstand des Transistors
- $\beta = h_{21e}$: Kurzschlußstromverstärkung
- $r_{BE} = h_{11e}$: Kurzschlußeingangswiderstand
- U_a: Ausgangswechselspannung
- U_e: Eingangswechselspannung

Bezeichnung	Formel	Erläuterung
Widerstände: 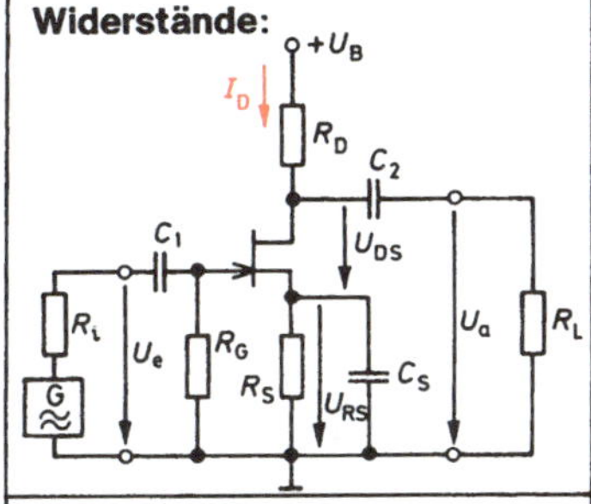	$R_D = \frac{U_B - U_{DS} - U_{RS}}{I_D}$ $R_G \approx \frac{0{,}5\,V}{-I_{GSS}}$ $R_S = \frac{U_{RS}}{I_D}$ $U_{RS} = -U_{GS}$	R_D: Arbeitswiderstand U_B: Betriebsspannung U_{DS}: Drain-Source-Spannung $U_{GS} = U_{RS}$: Spannungsabfall a. Sourcewiderst. I_D: Drainstrom im Arbeitspunkt U_{GS}: Gate-Source-Spanng. (Gate-Vorspannung) R_S: Sourcewiderstand I_{GSS}: Gate-Source-Reststrom R_G: Gatewiderstand
Kondensatoren:	$f_{grenz} = \frac{1}{2\pi R \cdot C}$ $S = \sqrt[n]{0{,}707}$ $f_u = f_{grenz} \sqrt{1/S^2 - 1}$ $f_u = f_{grenz} \cdot y$ $C_S = \frac{S}{2\pi \cdot f_u}$ $C_1 = \frac{1}{2\pi \cdot f_u \cdot R_G}$ $C_2 = \frac{1}{2\pi f_u \cdot (r_a + R_L)}$ $r_a = R_D \parallel r_{DS}$	f_{grenz}: Grenzfrequenz S: Schwächung pro Stufe n: Anzahl der Ursachen der Frequenzbeeinflussung f_u: untere Übertragungsfrequenz C_S: Sourcekondensator $S = y_{21}$: Steilheit in A/V C_1, C_2: Koppelkondensator r_a: Ausgangswiderstand der Schaltung r_{DS}: FET-Ausgangswiderst. R_L: Lastwiderstand
Verstärkung:	$V_U = S \cdot \frac{r_a \cdot R_L}{r_a + R_L}$	V_U: Spannungsverstärkung

n	y
2	0,64
3	0,51
4	0,43
5	0,39

mehrstufiger Verstärker

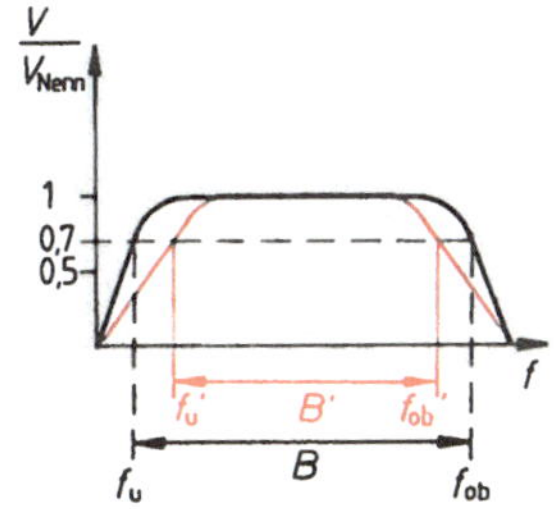	$V_{ges} = V_1 \cdot V_2 \cdot \ldots \cdot V_n$ $V_{fu} = V_{fo} =$ $\left(\frac{1}{\sqrt{2}}\right)^n (V_1 \cdot V_2 \cdot \ldots \cdot V_n)$ $f'_u \approx \sqrt{n} \cdot f_u$ $f'_{ob} \approx \frac{1}{\sqrt{n}} \cdot f_{ob}$	V_{ges}: Gesamtverstärkung V_1; V_2, V_n: Verstärkung der einzelnen Stufen n: Anzahl der Stufen V_{fu}: Gesamtverstärkung bei der unteren Grenzfrequenz V_{fo}: Gesamtverstärkung bei der oberen Grenzfrequenz f_u: untere Grenzfrequenz der Einzelstufe f'_u: untere Grenzfrequenz d. Gesamtverstärkers f_{ob}: obere Grenzfrequenz der Einzelstufe f'_{ob}: obere Grenzfrequenz d. Gesamtverstärkers

Bezeichnung	Formel	Erläuterung
Verstärkungsfaktoren 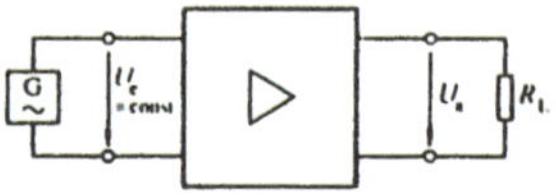	$V_U = \frac{U_a}{U_e}$ $V_I = \frac{I_a}{I_e}$ $V_P = \frac{P_a}{P_e} = V_U \cdot V_I$	U_a: Ausgangsspannung U_e: Eingangsspannung V_U: Spannungsverstärkungsfaktor V_I: Stromverstärkungsfaktor V_P: Leistungsverstärkungsfaktor
Ein- und Ausgangswiderstand 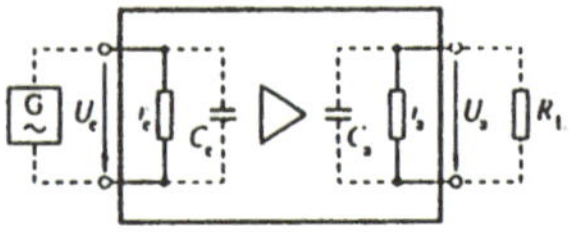	$r_e = \frac{U_e}{I_e}$ $Z_e = \frac{U_e}{I_e}$ $r_a = \frac{U_a}{I_a}$ $Z_a = \frac{U_a}{I_a}$	r_e: Eingangswiderstand Z_e: Eingangsimpedanz r_a: Ausgangswiderstand Z_a: Ausgangsimpedanz
Ermittlung des Ausgangswiderstandes 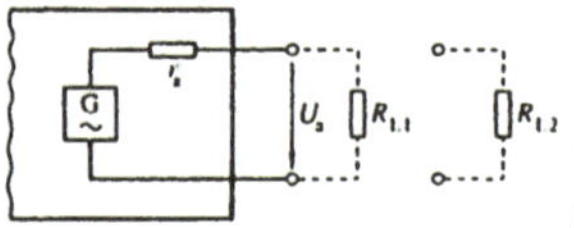	$r_a = \frac{u_{a1SS} - u_{a2SS}}{i_{a1SS} - i_{a2SS}}$ $r_a = \frac{\Delta u_{aSS}}{\Delta i_{aSS}}$	R_{L1}: Lastwiderstand bei 1. Messung R_{L2}: Lastwiderstand bei 2. Messung

Leistungsverstärker

Bezeichnung	Formel	Erläuterung
Serien-Gegentakt-Endstufe mit Komplementär-Transistoren 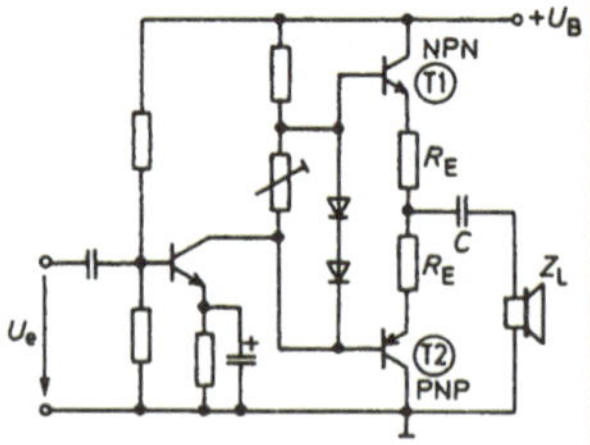	$Z_L = R_L \cdot 1{,}25$ $U_B = 2(i_C \cdot Z_L + U_{CESat} + i_C \cdot R_E)$ $I_{Cm} = \frac{i_C}{\pi}$ $P_{-} = U_B \cdot I_{Cm}$ $P_{\approx} = \frac{i_C^2 \cdot Z_L}{2}$ $P_{\sim max} \approx \frac{U_B^2}{8 \cdot Z_L}$ $P_v = \frac{P_{-} - P_{\sim}}{2}$ $\eta = \frac{P_{\sim}}{P_{-}}$ $C = \frac{1}{2\pi \cdot f_{gu} \cdot Z_L}$ $U_C = \frac{U_B}{2}$	Z_L: Lautsprecherimpedanz R_L: Lautsprechergleichstromwiderstand $P_{\sim}$: Sprechwechselleistung P_{-}: Gleichstromleistung η: Wirkungsgrad P_V: Kollektorverlustleistung eines Transistors I_{Cm}: arithmetischer Mittelwert des Kollektorstromes I_C: Kollektorspitzenstrom U_{CESat}: Kollektor-Emitter-Restspannung U_B: Betriebsspannung C: Koppelkondensator f_{gu}: untere Grenzfrequenz Z_L: Lautsprecherimpedanz U_C: Spannung am Koppelkondensator R_E: Emitterwiderstand

Bezeichnung	Formel	Erläuterung
	Gegenkopplung	
paralleleingespeiste Spannungsgegenkopplung 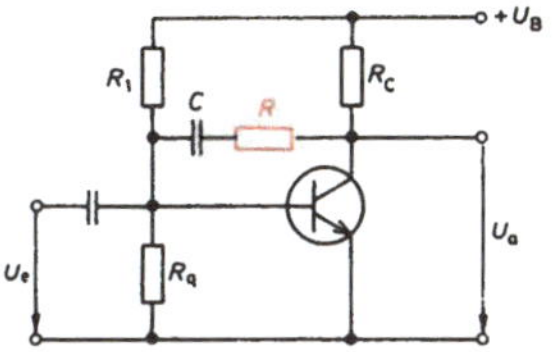 Bedingung $X_C \ll R$	$V'_u = \frac{\beta}{r_{BE}} (R_C \parallel r_{CE} \parallel R) \approx V_u$ $V_i = \beta$ $V'_i \approx \frac{V_i}{1 + K \cdot V_i} \approx \frac{R}{R_C}$ $K = \frac{r_e}{r_e + R}$ $r_e = r_{BE} \parallel R_1 \parallel R_q$ $r'_e \approx \frac{R}{V_u} \parallel r_e$	V'_u: Spannungsverstärkung mit Gegenkopplung V_u: Spannungsverstärkung ohne Gegenkopplung V'_i: Stromverstärkung mit Gegenkopplung V_i: Stromverstärkung ohne Gegenkopplung $r_{BE} = h_{11e}$: Transistoreingangswiderstand r_{CE}: Transistorausgangswiderstand R: Gegenkopplungswiderstand R_C: Kollektorwiderstand $\beta = h_{21e}$: Kurzschlußstromverstärker K: Kopplungsfaktor r_e: Stufeneingangswiderstand ohne Gegenkopplung r'_e: Stufeneingangswiderstand mit Gegenkopplung R_1; R_q: Basisspgsteiler R_E: Emitterwiderstand
serieneingespeiste Stromgegenkopplung 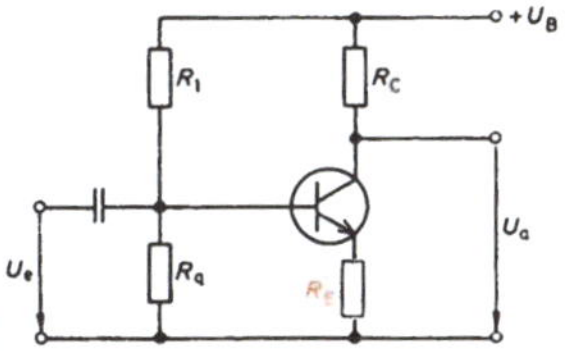	$V_u = \frac{\beta}{r_{BE}} (R_C \parallel r_{CE})$ $V'_u = \frac{V_u}{1 + K \cdot V_u}$ $K = \frac{R_E}{R_C}$ $V'_i = V_i = \beta$ $r'_e = (r_{BE} + \beta \cdot R_E) \parallel R_1 \parallel R_q$	
	Klirrfaktor	
	$k = \frac{\sqrt{U_{2f}^2 + U_{3f}^2 + \ldots + U_{nf}^2}}{\sqrt{U_f^2 + U_{2f}^2 + U_{3f}^2 + \ldots + U_{nf}^2}}$ $k' = \frac{k}{1 + K \cdot V_u}$	k: Klirrfaktor in % oder als Faktor (< 1) U_f: Spannung der Grundfrequenz U_{2f}; U_{3f}: Spannung der Oberwellen k': Klirrfaktor bei Gegenkopplung K: Kopplungsfaktor V_u: Spannungsverstärkung ohne Gegenkopplung
	Gleichspannungsverstärker	
Darlington-Verstärker 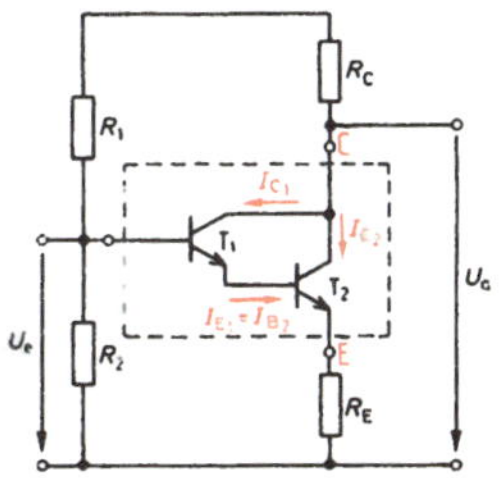	$U_{BE} = U_{BE1} + U_{BE2}$ $B = B_1 \cdot B_2$ $\beta = \beta_1 \cdot \beta_2$ $r_{BE} = r_{BE1} + \beta_1 \cdot r_{BE2}$ $r_{CE} = r_{CE2} \parallel \frac{r_{CE1}}{\beta_2} \approx \frac{2}{3} r_{CE2}$ $r_e \approx \beta \cdot R_E$	U_{BE}: Basisvorspannung B: Gleichstromverstärkung β: Stromverstärkung r_{BE}: Kurzschlußeingangswiderstand r_{CE}: Leerlaufausgangswiderstand r_e: Stufeneingangswiderstand

Bezeichnung	Formel	Erläuterung
Gleichspannungsverstärker		
Transistor-Verstärker 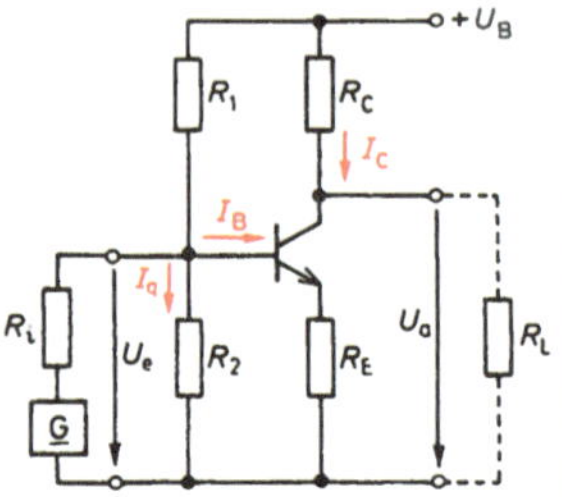	$R_C = \frac{U_B - U_{CE} - U_{RE}}{I_C}$ $R_E = \frac{U_{RE}}{I_C}$ $R_2 = \frac{U_{RE} + U_{BE}}{I_q}$ $I_q = 2 \ldots 10 \cdot I_B$ $R_1 = \frac{U_B - U_{BE} - U_{RE}}{I_B + I_q}$ $V_u = \frac{\beta \cdot R_c}{r_{BE} + \beta \cdot R_E} \approx \frac{R_C}{R_E}$ $r_e = (r_{BE} + \beta \cdot R_E) \parallel R_1 \parallel R_2$	U_{CE}: Kollektor-Emitter-spannung I_C: Kollektorstrom U_{RE}: Spannungsabfall an R_E U_{BE}: Basisvorspannung I_q: Querstrom durch R_2 I_B: Basisstrom β: Stromverstärkung r_{BE}: Kurzschlußeingangs-widerstand r_e: Stufeneingangs-widerstand
Differenzverstärker 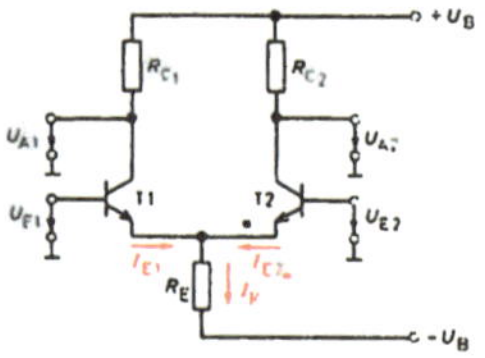	$I_{E1} = I_{E2} = \frac{1}{2} I_K$ $I_{C1} = I_{C2} \approx \frac{1}{2} I_K$ $R_E = \frac{U_B - U_{BE}}{I_K}$ $U_D = U_{E1} - U_{E2}$	I_K: Konstantstrom durch R_E I_{E1}; I_{E2}: Emitterstrom I_{C1}; I_{C2}: Kollektorstrom U_A: Ausgangsspannung ΔU_A: Ausgangs-spannungsänderung U_{E1}; U_{E2}: Eingangsspannung U_D: Differenzspannung U_B: Betriebsspannung U_{BE}: Basis-Emitterspanng. $\beta = h_{21}$: Stromverstärkung $r_{BE} = h_{11}$: Kurzschluß-eingangs-widerstand U_{Gl}: Änderung der Ein-gangsspannung bei Gleichtaktbetrieb R_C: Kollektorwiderstand eines Transistors R_E: gemeinsamer Emitterwiderstand $r_{CE} = 1/h_{22e}$: Transistor-ausgangs-widerstand
Differenzverstärkung	$V_D = \frac{\Delta U_{A1}}{\Delta U_D} = -\frac{\Delta U_{A2}}{\Delta U_D}$ $V_D = \frac{\beta \cdot R_C}{2 \cdot r_{BE}}$	
Gleichtaktverstärkung	$\Delta U_{Gl} = \Delta U_{E1} = \Delta U_{E2}$ $V_{Gl} = \frac{\Delta U_{A1}}{\Delta U_{Gl}} = \frac{\Delta U_{A2}}{\Delta U_{Gl}}$ $V_{Gl} \approx \frac{R_C}{2 \cdot R_E}$	
Gleichtaktunterdrückung	$G = \frac{V_D}{V_{Gl}}$	
Differenzeingangs-widerstand	$r_D = \frac{\Delta U_D}{\Delta I_{E1}} = 2 \cdot r_{BE}$	
Gleichtakteingangs-widerstand	$r_{Gl} = \frac{\Delta U_{Gl}}{\Delta I_{E1}} = 2 \cdot \beta \cdot R_E$	
Ausgangswiderstand	$r_a = R_c \parallel r_{CE}$	

Bezeichnung	Formel	Erläuterung
Operationsverstärker		
Kennwerte		
Leerlaufverstärkung 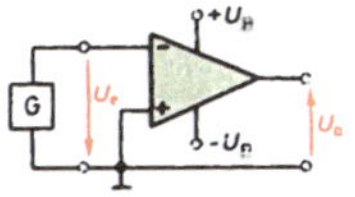 **Gleichtaktverstärkung** 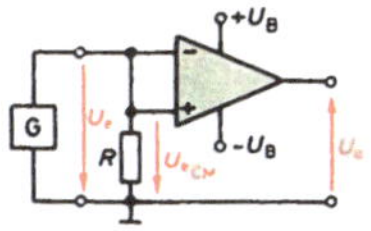 **Gleichtaktunterdrückung**	$V_0 = -\frac{U_a}{U_e}$ $V_0^* = 20 \lg \frac{U_a}{U_e}$ $V_{Gl} = V_{CM} = \frac{U_a}{U_{eCM}}$ $V_{CM}^* = 20 \lg \frac{U_a}{U_{eCM}}$ $G = V_{CMMR} = \frac{V_0}{V_{CM}}$ $G^* = V_{CMMR}^* = V_0^* - V_{CM}^*$	V_0: Leerlaufverstärkung U_e: Eingangsspannung U_a: Ausgangsspannung U_{eCM}: Änderung der Spannung an den parallelgeschalteten Eingängen V_0^*: Leerlaufverstärkung in dB V_{CM}^*: Gleichtaktverst. in dB G^*: Gleichtaktunterdrückung in dB
Ein- und Ausgangswiderstand 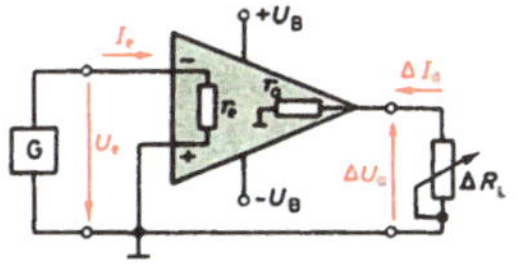	$r_e = \frac{U_e}{I_e}$ $r_a = \frac{\Delta U_a}{\Delta I_a}$	r_e: Eingangswiderstand (dynamisch) r_a: Ausgangswiderstand (dynamisch) U_e: Eingangswechselspannung I_e: Eingangswechselstrom ΔU_a: Änderung der Ausgangsspannung ΔI_a: Änderung des Ausgangsstromes
Invertierender Verstärker		
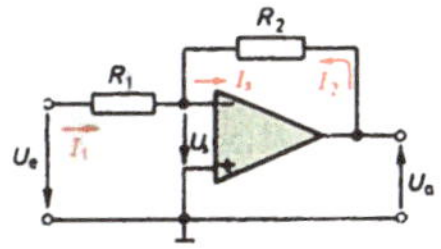 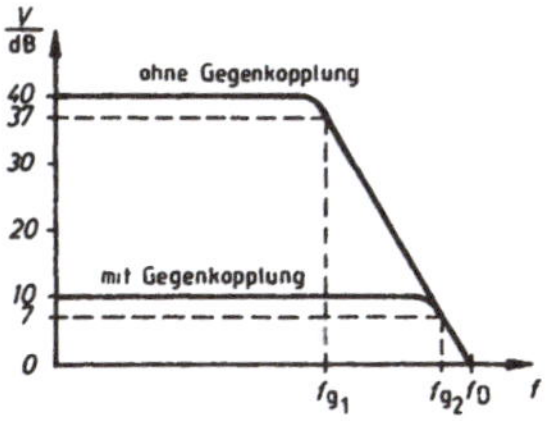	$V = \frac{R_2}{R_1} = -\frac{U_a}{U_e}$ $r'_e = R_1 + \frac{R_2}{V_0}$ $r'_e \approx R_1$ $r'_a = \frac{r_a \cdot V}{V_0}$ $f_g = \frac{f_D}{V}$	V: Verstärkung mit Gegenkopplung (closed-loop-gain) V_0: Leerlaufverstärkung (open-loop-gain) R_1: Vorwiderstand R_2: Gegenkopplungswiderstand r'_e: Eingangswiderstand r'_a: Ausgangswiderstand r_a: Ausgangs- oder Innenwiderstand des Operationsverstärkers f_D: Durchtrittsfrequenz (hier ist $V = 1 \triangleq 0$ dB) f_g: Grenzfrequenz, hier ist die Verstärkung um 3 dB kleiner gegenüber der Verstärkung bei Gleichspannung

Bezeichnung	Formel	Erläuterung
Nicht invertierender Verstärker		
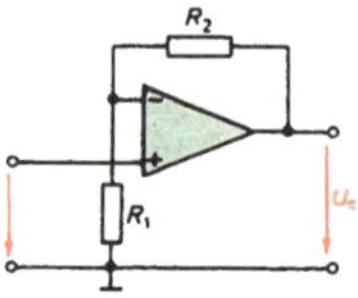	$V = 1 + \frac{R_2}{R_1}$ $U_a = U_e \left(1 + \frac{R_2}{R_1}\right)$ $r'_e = \frac{V_0 \cdot r_e}{V}$ $r'_a = \frac{r_a \cdot V}{V_0}$	V_0: Leerlaufverstärkung V: Verstärkung mit Gegenkopplung R_2: Gegenkopplungswiderstand R_1: Eingangsquerwiderstand r'_e: Eingangswiderstand r'_a: Ausgangswiderstand r_e: Eingangswiderstand des Operationsverstärkers r_a: Innenwiderstand
Differenzverstärker (Subtrahierer)		
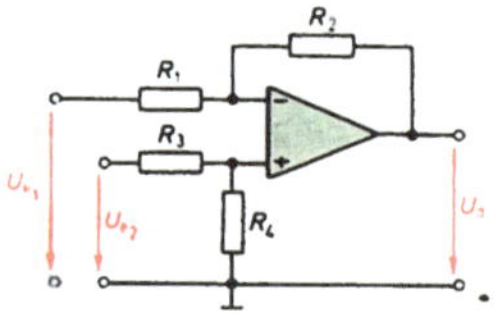	$U_a = U_{e2} \cdot V_2 - U_{e1} \cdot V_1$ $V_1 = \frac{R_2}{R_1}$ $V_2 = \frac{1 + \frac{R_2}{R_1}}{1 + \frac{R_3}{R_4}}$	U_a: Ausgangsspannung U_{e1}: Eingangsspannung am invertierenden Eingang U_{e2}: Eingangsspannung am nicht invertierenden Eingang V_1; V_2: Verstärkung
Summenverstärker (Addierer)		
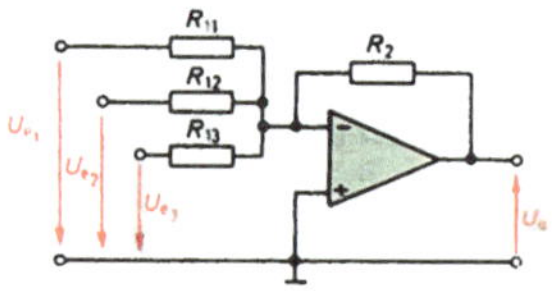	$-U_a = \frac{R_2}{R_{11}} U_{e1} + \frac{R_2}{R_{12}} U_{e2} +$ $\ldots + \frac{R_2}{R_{1n}} U_{en}$	U_a: Ausgangsspannung U_{e1}; U_{e2}: Eingangsspannungen R_2: Gegenkopplungswiderstand R_{11}, R_{12}: Vorwiderstände
Integrierer		
Sinusförmige Ansteuerung: 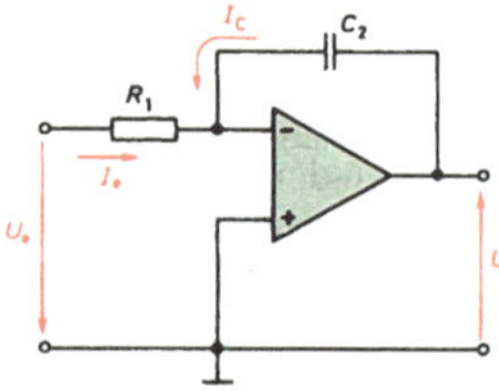	$V = \frac{-U_a}{U_e} = \frac{X_{C2}}{R_1}$ $V = \frac{1}{2\pi \cdot f \cdot C_2 \cdot R_1}$ bei $X_{C2} = R_1$ $V = \frac{X_{C2}}{R_1} = 1$ $f_D = \frac{1}{2\pi\, C_2 \cdot R_1}$	V: Verstärkung C_2: Gegenkopplungskondensator R_1: Vorwiderstand f_D: Durchtrittsfrequenz f: Frequenz

Bezeichnung	Formel	Erläuterung
Rechteckförmige Ansteuerung: 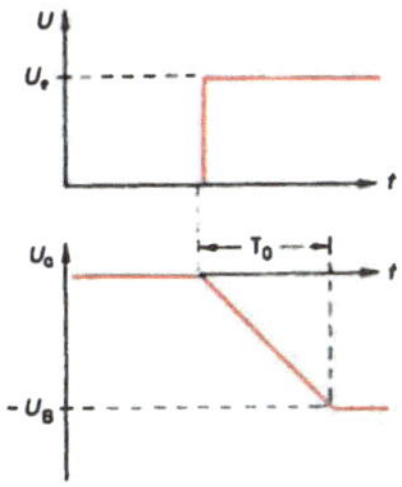	$U_a = -\frac{1}{R_1 \cdot C_2} \int U_e \, dt$ $\Delta U_a = -\frac{1}{R_1 \cdot C_2} \quad U_e \cdot \Delta t$ $T_0 = R_1 \cdot C_2$	T_0: Zeitkonstante ΔU_a: Ausgangsspannungsänderung Δt: Zeitdifferenz U_e: Eingangsspannung
Differenzierer		
Sinusförmige Ansteuerung: 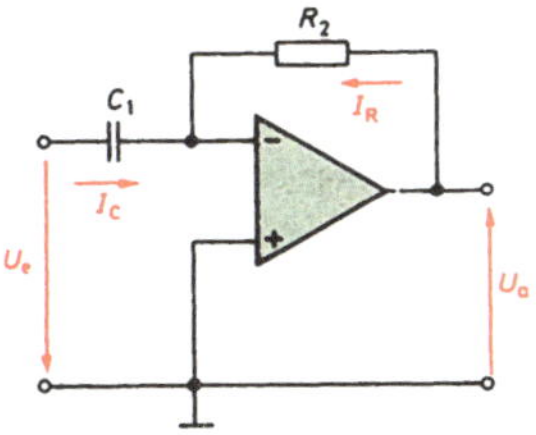	$V = \frac{-U_a}{U_e} = \frac{R_2}{X_{C1}}$ $V = 2\pi \cdot f \cdot R_2 \cdot C_1$ bei $X_{C1} = R_2$ $V = \frac{R_2}{X_{C1}} = 1$ $f_D = \frac{1}{2\pi \cdot C_1 \cdot R_2}$	V: Verstärkung C_1: Vorkondensator R_2: Gegenkopplungswiderstand ΔU_e: Eingangsspannungsänderung Δt: Zeitdifferenz f_D: Durchtrittsfrequenz f: Frequenz T_0: Zeitkonstante
Rechteckförmige Ansteuerung: 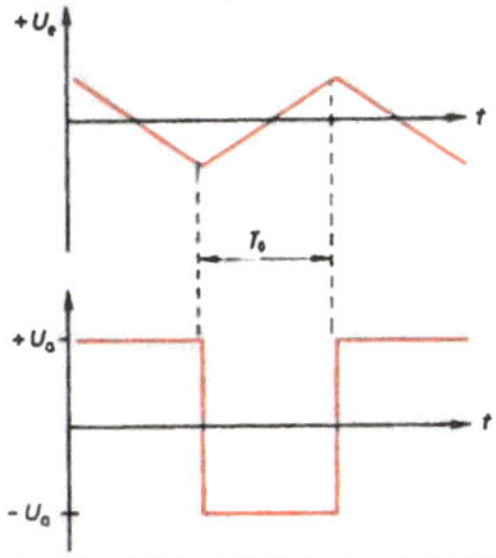	$U_a = -R_2 \cdot C_1 \frac{d\,U_e}{dt}$ $U_a = -R_2 \cdot C_1 \cdot \frac{\Delta U_e}{\Delta t}$ $T_0 = R_2 \cdot C_1$	
Frequenzabhängige Gegenkopplung		
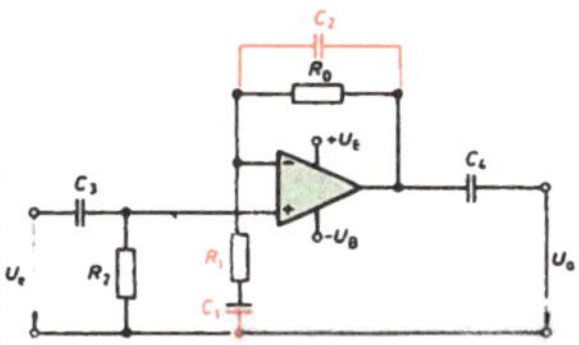	$V = \frac{U_a}{U_e} = 1 + \frac{1}{\sqrt{\left[\left(\frac{1}{R_0}\right)^2 + \left(\frac{1}{X_{C2}}\right)^2\right] \cdot \left[R_1^2 + X_{C1}^2\right]}}$ $f_u = \frac{1}{2\pi \cdot R_1 \cdot C_1}$ $f_o = \frac{1}{2\pi \cdot R_0 \cdot C_2}$	f_u: untere Grenzfrequenz f_o: obere Grenzfrequenz

Bezeichnung	Formel	Erläuterung

Leistungselektronik

Spannungs- und Stromkomponenten

Bezeichnung	Formel
Mischspannung	$U_{UC} = \sqrt{U^2_{AC} + U^2_{DC}}$
Mischstrom	$I_{UC} = \sqrt{I^2_{AC} + I^2_{DC}}$
Gleichrichtfaktor	$G = \frac{U_{di}}{U_{1UC}}$
Formfaktor	$F = \frac{U_{UC}}{U_{DC}}$
Welligkeitsfaktor	$W = \frac{U_{AC}}{U_{DC}}$

U_{UC}: Mischspannung
U_{AC}: Wechselspannung
U_{DC}: Gleichspannung
I_{UC}: Mischstrom
I_{AC}: Wechselstrom
I_{DC}: Gleichstrom
U_{di}: Ausgangsgleichspannung
U_{1UC}: Eingangsmischspannung

Thyristor und Triac

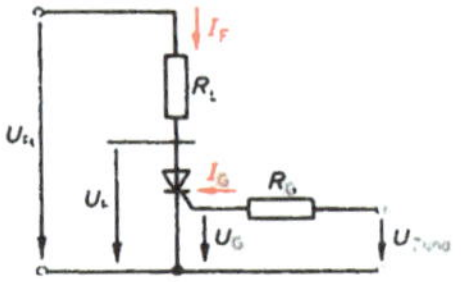

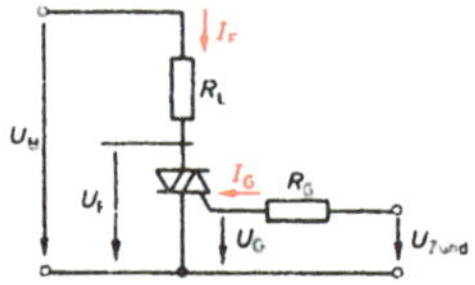

$$I_F = \frac{U_B - U_F}{R_L}$$

$$I_F \approx \frac{U_B}{R_L}$$

$$R_F = \frac{U_F}{I_F}$$

$$P_V = U_F \cdot I_F + U_G \cdot I_G$$

$$P_V \approx 1{,}1 \cdot U_F \cdot I_F$$

$$R_G = \frac{U_{Zünd} - U_G}{I_G}$$

I_F: Durchlassstrom
U_F: Durchlassspannung
U_B: Netz- oder Betriebsspannung
R_F: Durchlasswiderstand
P_V: Verlustleistung
R_G: Gatevorwiderstand
$U_{Zünd}$: Zündspannung
U_G: Gatespannung
I_G: Gatestrom
R_L: Lastwiderstand

Gesteuerte Gleichrichter

Bezeichnung	Formel
Pulszahl 1 oder 2	$U_{di\alpha} = \frac{U_{di}}{2}(1 + \cos\alpha)$
Pulszahl > 2	$U_{di\alpha} = U_{di} \cdot \cos\alpha$

Schaltung	Pulszahl	U_{di}/U_1
M1U	1	0,45
M2U	2	0,45
B2U	2	0,9
M3U	3	0,675
B6U	6	1,35

U_{di}: Gleichspannung ohne Zündwinkel
$U_{di\alpha}$: Gleichspannung mit Zündwinkel
α: Zündwinkel
U_1: Eingangswechselspannung

<table>
<tr><th>Bezeichnung</th><th>Formel</th><th>Erläuterung</th></tr>
<tr><td colspan="3">Phasenanschnittsteuerung</td></tr>
<tr><td>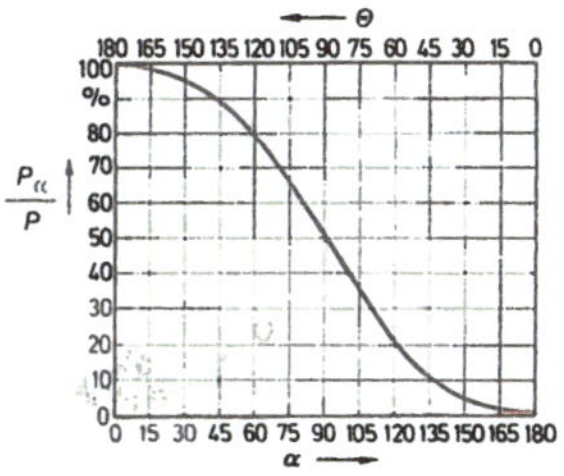</td>
<td>$\alpha + \Theta = 180°$

$k = \frac{P_\alpha}{P}$</td>
<td>α: Zündverzögerungswinkel in °
Θ: Stromflusswinkel in °
k: Faktor aus dem Diagramm
P_α: am Lastwiderstand umgesetzte Leistung bei einem Zündverzögerungswinkel α in W
P: größte am Lastwiderstand umgesetzte Leistung in W</td></tr>
<tr><td>mit Thyristor
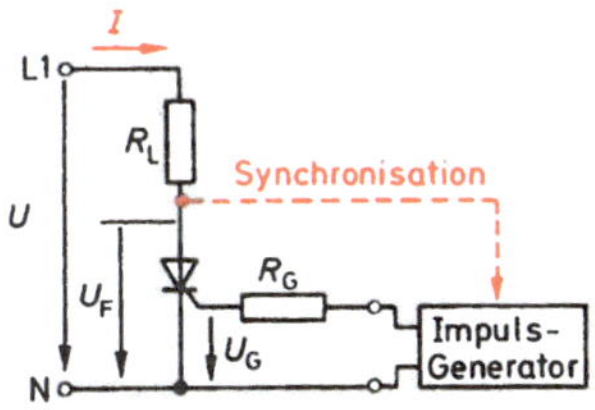</td>
<td>$P = \frac{1}{2} \cdot U \cdot I$
$P = \frac{1}{2} \cdot \frac{U^2}{R_L}$
$P = \frac{1}{2} \cdot I^2 \cdot R_L$
$P_\alpha = k \cdot P$</td>
<td>P: größte am Lastwiderstand umgesetzte Leistung in W
U: Effektivwert der Netzspannung in V
I: Effektivwert des Wechselstromes in A
P_α: am Lastwiderstand umgesetzte Leistung bei einem Zündverzögerungswinkel α in W
k: Faktor aus dem Diagramm</td></tr>
<tr><td>mit Triac
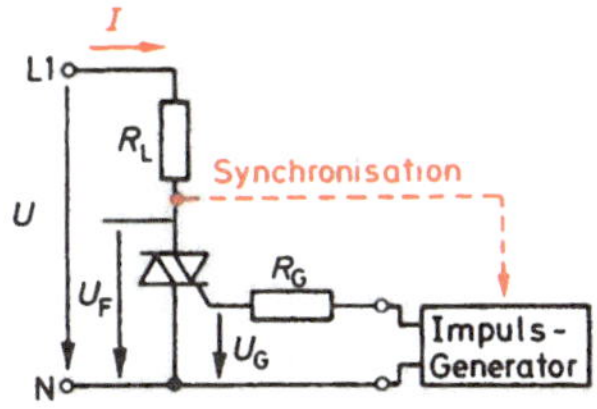</td>
<td>$P = U \cdot I$
$P = \frac{U^2}{R_L} = I^2 \cdot R_L$
$P_\alpha = k \cdot P$
$U_\alpha = U \cdot \sqrt{1 + \frac{\sin 2\alpha}{2\pi} - \frac{\alpha}{180°}}$
$I_\alpha = I \cdot \sqrt{1 + \frac{\sin 2\alpha}{2\pi} - \frac{\alpha}{180°}}$</td>
<td>U_α: Effektivwert der Spannung am Lastwiderstand bei einem Zündverzögerungswinkel α
I_α: Effektivwert des Stromes durch den Lastwiderstand bei einem Zündverzögerungswinkel α</td></tr>
<tr><td colspan="3">Schwingungspaketsteuerung</td></tr>
<tr><td>Schwingungspaketsteuerung
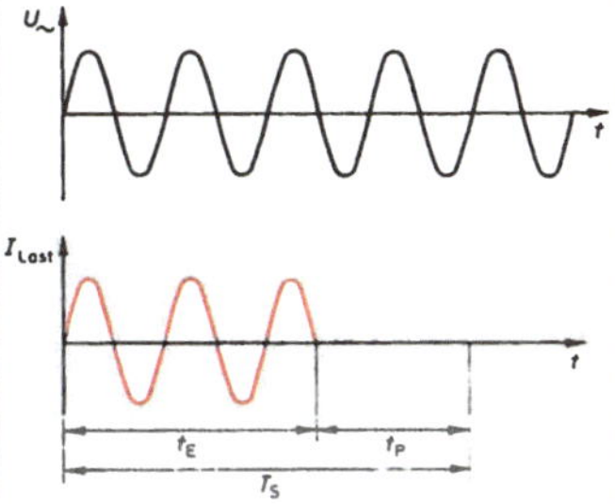</td>
<td>$P_{RL} = \frac{t_E}{T_S} \cdot \frac{U_1^2}{R_L}$
$U = U_1 \sqrt{\frac{t_E}{T}}$
$P = \frac{t_E}{T_S} \cdot P_{max}$</td>
<td>U_1: Eingangsspannung
U: eff. Ausgangsspannung
t_E: Einschaltdauer in s
T_S: Schaltperiodendauer in s
P_{max}: Leistung ohne Schwingungspaketsteuerung</td></tr>
</table>

Bezeichnung	Formel	Erläuterung
	Elektronische Schalter	
	Schaltzeiten	
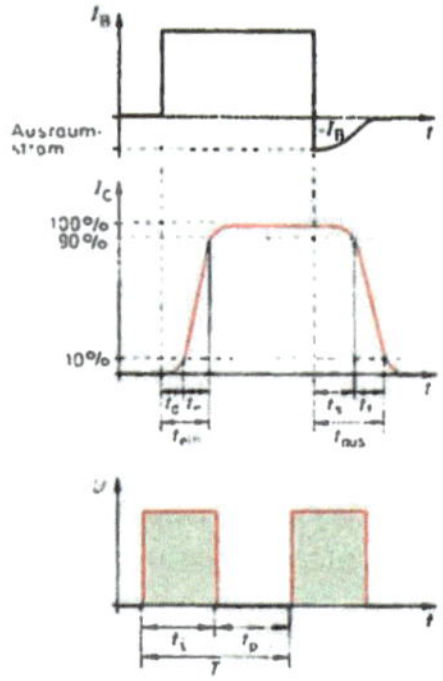	$t_{ein} = t_d + t_r$ $t_{aus} = t_s + t_f$ $f_{max} = \frac{1}{t_{ein} + t_{aus}}$ $T = t_i + t_p$ $f = \frac{1}{T}$	t_d: Verzögerungszeit (delay time) t_r: Anstiegszeit (rise time) t_s: Speicherzeit (storage time) t_f: Abfallzeit (fall time) f_{max}: max. Schaltfrequenz t_i: Impulsdauer t_p: Pausendauer T: Schwingungsdauer
	Elektronischer Schalter mit Transistor	
Kollektorwiderstand 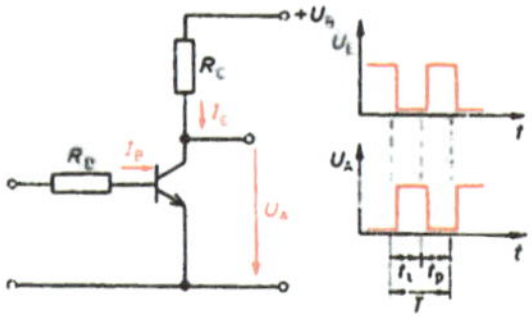	$R_C = \frac{U_B - U_{CE\,Rest}}{I_C}$ $R_C \approx \frac{U_B}{I_C}$ $I_{B\,soll} = \frac{I_C}{B}$ $I_{B\,ist} = ü \cdot I_{B\,soll}$	U_B: Betriebsspannung $U_{CE\,Rest} = U_{CEsat}$: Rest- oder Sättigungsspannung I_C: Kollektorstrom U_{BE}: Basisvorspannung ($\approx$ 0,7 V) $I_{B\,ist}$: tatsächlich fließender Basisstrom bei Übersteuerung $I_{B\,soll}$: erforderlicher Basisstrom ohne Übersteuerung $ü$: Übersteuerungsfaktor $\approx$ 2 bis 10 B: Gleichstromverstärkung I_{Co}: Kollektorreststrom ϑ_j: Sperrschichttemp. ϑ_u: Umgebungstemp. R_{thJU}: Wärmewiderstand P_{vm}: mittlere Verlustleistung bei Impulsbetrieb t_i: Impulsdauer t_p: Impulspausendauer T: Periodendauer g: Impulstastgrad P_{Rm}: mittlere Verlustleistung bei Impulsbetrieb
Basisvorwiderstand	$R_B = \frac{U_E - U_{BE}}{I_{B\,ist}}$	
bei $U_E = U_B$ gilt:	$R_B = \frac{1}{ü} \cdot B \cdot R_C$	
Durchlaßwiderstand	$R_F = \frac{U_{CE\,Rest}}{I_C}$	
Sperrwiderstand	$R_R = \frac{U_B}{I_{Co}}$	
Verlustleistung	$P_v = U_{CE\,Rest} \cdot I_C$ $P_v = \frac{\vartheta_j - \vartheta_u}{R_{thJU}}$ $P_{vm} = P_v \cdot \frac{t_i}{T}$ $g = \frac{t_i}{T}$ $T = t_i + t_p$	
Verlustleistung des Lastwiderstandes	$P_{Rm} = \frac{U^2}{R} \cdot \frac{t_i}{T}$	

Bezeichnung	Formel	Erläuterung

Elektronischer Schalter mit TTL- und CMOS-Bausteinen

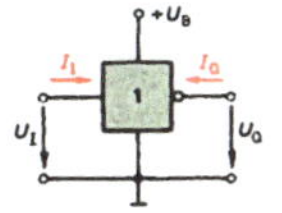

TTL

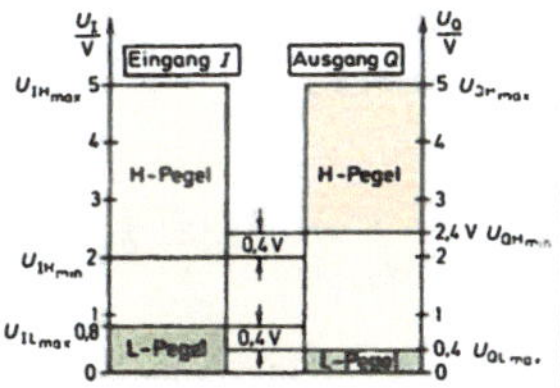

CMOS

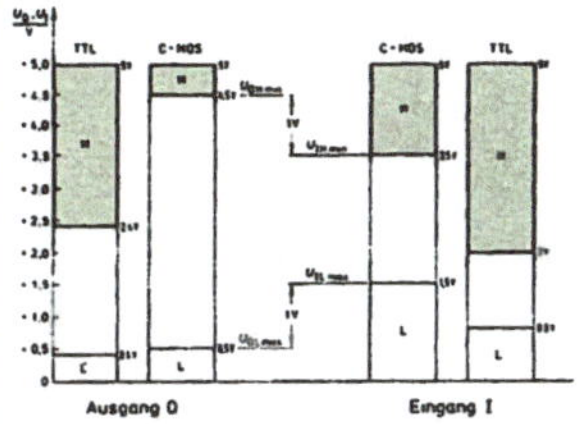

		Garantiewerte TTL-Technik		CMOS-Technik	
	Pegel	Spannung	Strom	Spannung	Strom
Eingang	High	$U_{IH} = +2{,}4$ V	$I_{IH} \leq 0{,}04$ mA	$U_{IH} = +3{,}5$ V	$I_{IH} \leq 1$ µA
	Low	$U_{IL} = +0{,}8$ V	$-I_{IL} \leq 1{,}6$ mA	$U_{IL} = +1{,}5$ V	$I_{IL} \leq 1$ µA
Ausgang	High	$U_{QH} > 2{,}4$ V	$-I_{QH} \leq 0{,}4$ mA	$U_{QH} > 4{,}5$ V	$I_{QH} \leq 1{,}6$ mA
	Low	$U_{QL} < +0{,}4$ V	$I_{QL} \leq 16$ mA	$U_{QL} < 0{,}5$ V	$I_{QL} \leq 6{,}4$ mA

Lastfaktoren

Bezeichnung	Formel	Erläuterung
Fan In	$F_I = \frac{I_I^*}{I_I}$	F_I: Eingangslastfaktor F_Q: Ausgangslastfaktor I_I^*: höchstzulässiger Eingangsstrom I_I: Eingangsstrom eines Einganges mit $F_I = 1$ I_Q: höchstzulässiger Ausgangsstrom n: Zahl der Eingänge mit $F_I = 1$, die den Ausgang belasten darf
Fan Out	$F_Q = \frac{I_Q}{I_I}$	
Zahl der Eingänge	$n = \frac{F_Q}{F_I}$	

Interface-Schaltungen

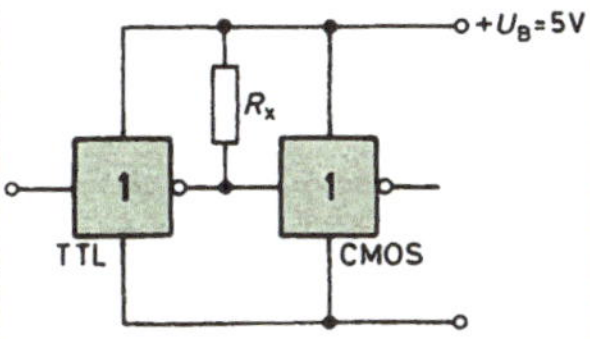

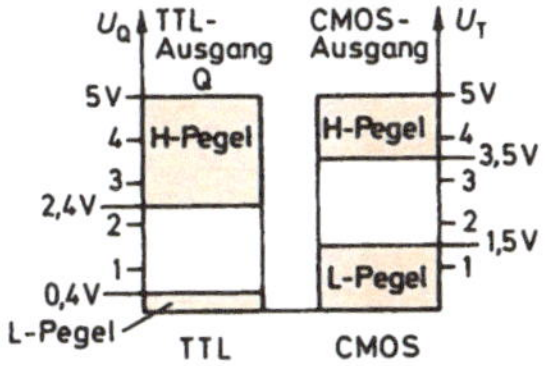

$$R_{X\,min} = \frac{U_B - U_{QL\,max}}{I_{QL\,max}}$$

$R_{X\,min}$: minimaler Pull-up-Widerstand
U_B: Betriebsspannung
$U_{QL\,max}$: max. Ausgangsspannung bei L-Pegel
$I_{QL\,max}$: max. Ausgangsstrom bei L-Pegel

Bezeichnung	Formel	Erläuterung
Kippschaltungen		
Astabile Kippstufe		
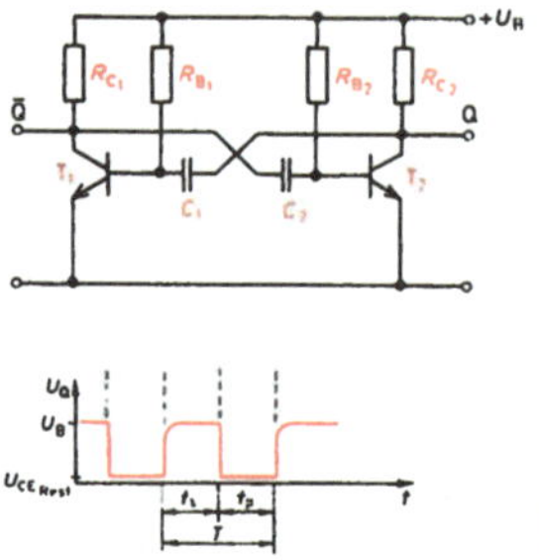	$R_{C1} = R_{C2} = \frac{U_B - U_{CE\,Rest}}{I_C} \approx \frac{U_B}{I_C}$ $R_{B1} = R_{B2} \leq 0{,}8 \cdot B \cdot R_C = \frac{1}{ü} \cdot B \cdot R_C$ $R_{B1} = R_{B2} = \frac{(U_B - U_{BE}) \cdot B}{ü \cdot I_C}$ $t_i \approx 0{,}7 \cdot R_{B2} \cdot C_2$ $t_p \approx 0{,}7 \cdot R_{B1} \cdot C_1$ $T \approx 0{,}7\,(R_{B1} \cdot C_1 + R_{B2} \cdot C_2)$ $T = t_i + t_p = \frac{1}{f} \quad g = \frac{t_i}{T}$	U_B: Betriebsspannung $U_{CE\,Rest}$: Rest- oder Sättigungsspannung I_C: Kollektorstrom B: Gleichstromverstärkung $ü$: Übersteuerungsfaktor $ü \approx 2$ bis 10 U_{BE}: Basisvorspannung ($\approx 0{,}7$ V) f: Frequenz T: Periodendauer g: Tastgrad
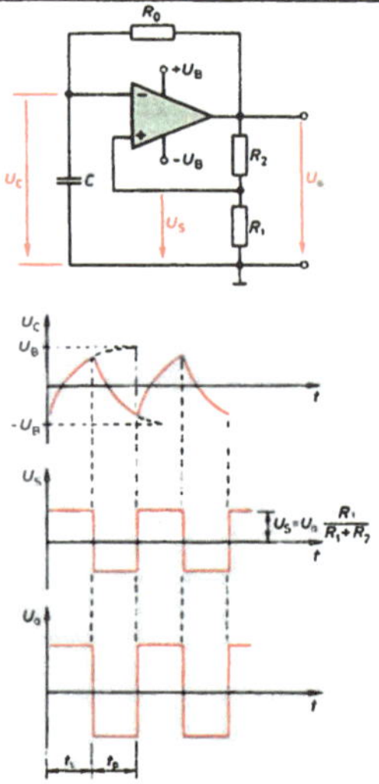	$t_i = t_p = R_0 \cdot C \cdot \ln\left(1 + 2\frac{R_1}{R_2}\right)$ $f = \frac{1}{2\,t_i}$ $t_i = t_p = -R_0 \cdot C \cdot \ln\left(\frac{U_a - U_s}{U_a + U_s}\right)$ $U_s = U_a \frac{R_1}{R_1 + R_2}$	t_i: Impulsdauer t_p: Pausendauer ln: natürlicher Logarithmus f: Pulsfrequenz U_a: Ausgangsspannung U_s: Schaltspannung
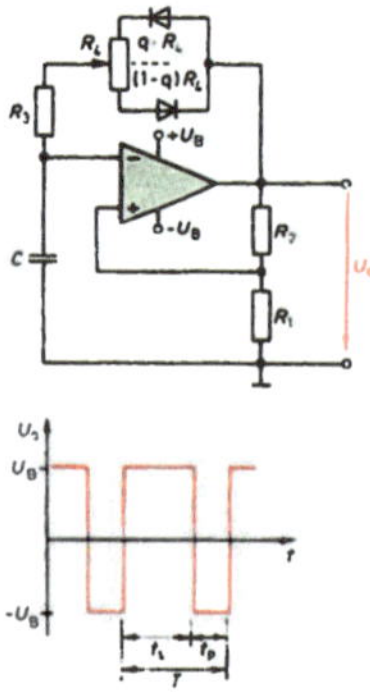	$t_i = [R_3 + q \cdot R_4]\,C \ln\left(1 + 2\,\frac{R_1}{R_2}\right)$ $t_p = [R_3 + (1 - q)\,R_4]\,C \ln\left(1 + 2\,\frac{R_1}{R_2}\right)$ $f = \frac{1}{t_i + t_p}$	t_i: Impulsdauer t_p: Pausendauer ln: natürlicher Logarithmus f: Pulsfrequenz q: Teilerstellung zwischen 0 und 1

Bezeichnung	Formel	Erläuterung
Monostabile Kippstufe		
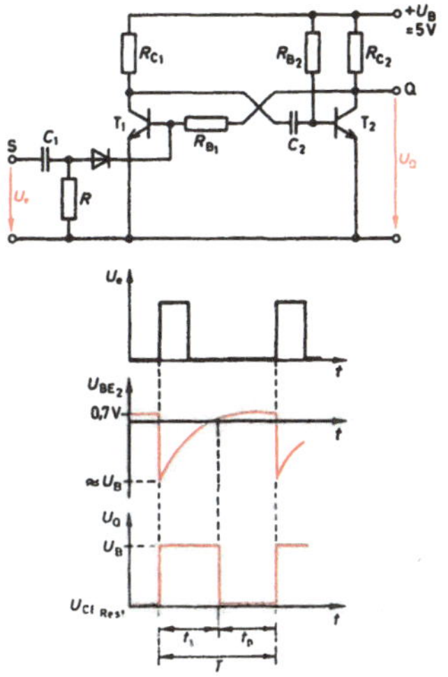	**Kollektorwiderstand** $R_{C1} = R_{C2} = \frac{U_B - U_{CE\,Rest}}{I_C}$ $R_{C1} = R_{C2} \approx \frac{U_B}{I_C}$ **Basisvorwiderstand** $R_{B1} = R_{B2} = \frac{1}{ü} \cdot B \cdot R_C$ $R_{B1} \leqq 0{,}6 \cdot B_1 \cdot R_{C1}$ $R_{B2} \leqq 0{,}8 \cdot B_2 \cdot R_{C2}$ **Impulspausendauer von U_Q** $t_p \geqq 5 \cdot C_2 \cdot R_{C1}$ **Impulsdauer von U_Q** $t_i \approx 0{,}7 \cdot R_{B2} \cdot C_2$	U_B: Betriebsspannung $U_{CE\,Rest}$: Rest- oder Sättigungsspannung I_C: Kollektorstrom B: Gleichstromverstärkung $ü$: Übersteuerungsfaktor $ü \approx 2$ bis 10
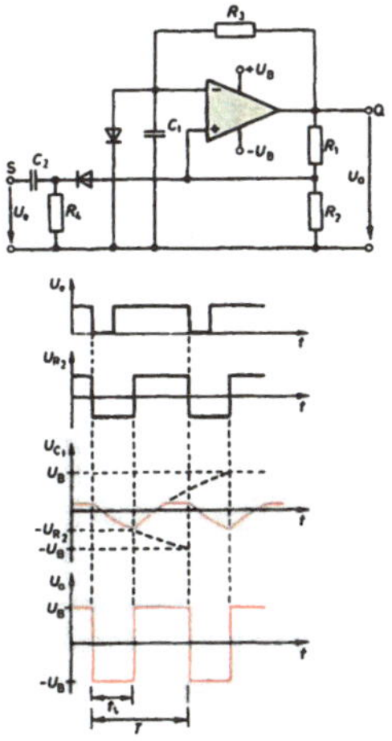	$t_i = R_3 \cdot C_1 \cdot \ln\left(1 + \frac{R_2}{R_1}\right)$ $T \approx 2\,R_3 \cdot C_1 \ln\left(1 + \frac{R_2}{R_1}\right)$	t_i: Impulsdauer T: Periodendauer ln: natürlicher Logarithmus
nicht nachtriggerbare Kippstufe 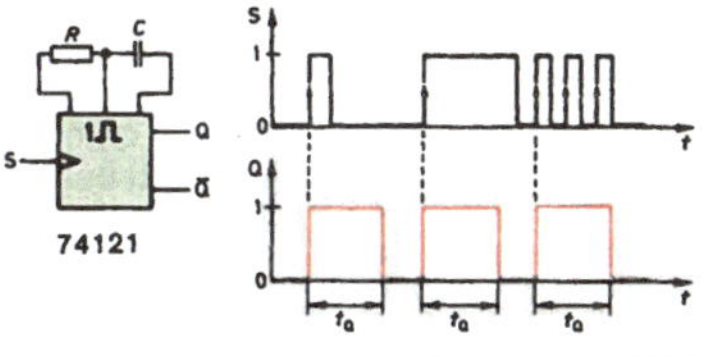	$t_Q = 0{,}7 \cdot R \cdot C$	t_Q: Impulsdauer

Bezeichnung	Formel	Erläuterung
Nachtriggerbare Kippstufe 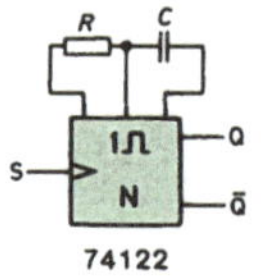 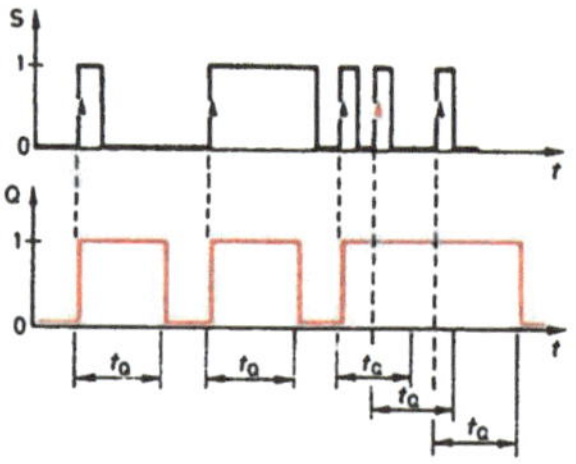	$t_Q = 0{,}3 \cdot R \cdot C$	t_Q: Impulsdauer

Bistabile Kippstufe

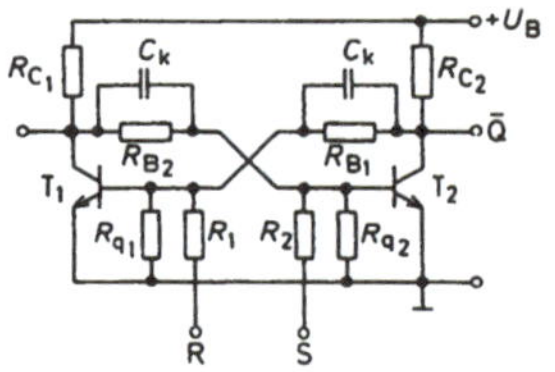

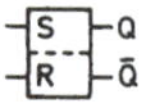

„1" ≙ U_B ≙ H

„0" ≙ 0 V ≙ L

R	S	Q_{tn+1}	Bemerkung
0	0	Q_{tn}	Zustand bleibt
0	1	1	setzen
1	0	0	Rücksetzen
1	1	*	keine Information

Q_{tn} = Zustand vor einer neuen Wertekombination der Eingangssignale

Q_{tn+1} = Zustand nach einer neuen Wertekombination der Eingangssignale

Kollektorwiderstand

$$R_{C1} = R_{C2} = \frac{U_B - U_{CE\,Rest}}{I_C}$$

$$R_{C1} = R_{C2} \approx \frac{U_B}{I_C}$$

Basisvorwiderstand

$$R_{B1} = R_{B2} = \frac{U_B - U_{BE}}{I_{B\,ist} + I_q}$$

$$I_{B\,ist} = \ddot{u} \cdot \frac{I_C}{B}$$

$$I_q \approx 2 \text{ bis } 5 \cdot I_{B\,ist}$$

Querwiderstand

$$R_{q1} = R_{q2} = \frac{U_{BE}}{I_q}$$

Vorwiderstand

$$R_1 = R_2 = \frac{(U_B - U_{BE}) \cdot B}{\ddot{u} \cdot I_C}$$

Impulsversteilerungskondensator

$$C_K \leq \frac{R_B + R_q}{4{,}6 \cdot f \cdot R_B \cdot R_q}$$

$$f = \frac{f_e}{2}$$

U_B: Betriebsspannung

$U_{CE\,Rest}$: Rest- oder Sättigungsspannung

I_C: Kollektorstrom

U_{BE}: 0,7 V Basisvorspannung

I_q: Querstrom (≈ 2 bis 5 I_B)

B: Gleichstromverstärkung

$\ddot{u}$: Übersteuerungsfaktor (2 bis 10)

f: Schaltfrequenz

f_e: Eingangsfrequenz

H: High-Pegel

L: Low-Pegel

I: Input/Eingang

Q: Output/Ausgang

S: Eingang zum Setzen

R: Eingang zum Zurückstellen (reset)

Bezeichnung	Formel	Erläuterung
	Schmitt-Trigger	
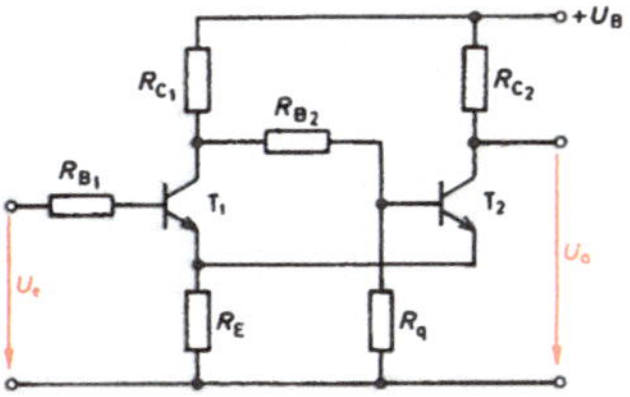 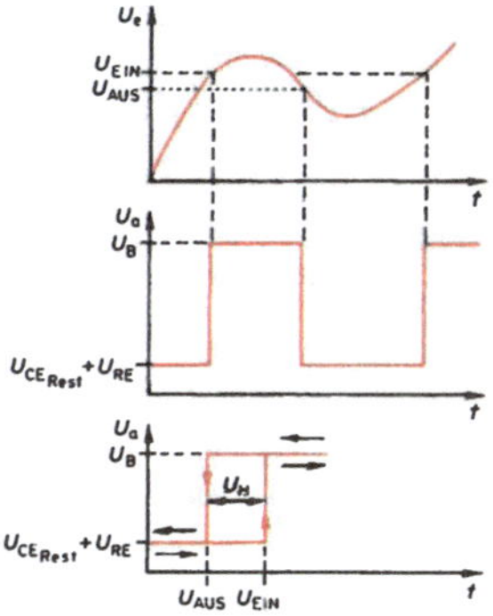	**Kollektorwiderstand** $R_C = \frac{U_B - U_{CE\,Rest} - U_{RE}}{I_C}$ **Basisvorwiderstand** $R_{B1} = \frac{(U_e - U_{RE} - U_{BE})\,B}{ü \cdot I_{C1}}$ $R_{B2} = \frac{U_B - U_{RE} - U_{BE} - U_{RC1}}{I_{B\,ist} + I_q}$ $I_{B\,ist} = ü \cdot \frac{I_C}{B}$ $I_q \approx 2$ bis $5 \cdot I_{B\,ist}$ $U_{RC1} = (I_{B\,ist} + I_q)\,R_{C1}$ **Querwiderstand** $R_q = \frac{U_{BE} + U_{RE}}{I_q}$ **Ruhelage 1** T_1 gesperrt – T_2 leitend $I_{C2} = \frac{U_B - U_{CE\,Rest\,T2}}{R_{C2} + R_E}$ $U_{RE} = I_{C2} \cdot R_E$ $U_a = U_{RE} + U_{CE\,Rest\,T2}$ **Einschaltspannung** T_1 wird leitend T_2 wird gesperrt $U_{EIN} \geqq U_{RE} + U_{BE\,T1}$ $U_{EIN} \geqq (I_{C2} \cdot R_E) + U_{BE\,T1}$ **Ruhelage 2** T_1 leitend – T_2 gesperrt $I_{C1} = \frac{U_B - U_{CE\,Rest\,T1}}{R_{C1} + R_E}$ $U_{RE} = I_{C1} \cdot R_E$; $U_a \approx U_B$ **Ausschaltspannung** T_1 wird gesperrt T_2 wird leitend $U_{AUS} \leqq U_{RE} + U_{BE\,T1}$ **Hysteresespannung** $U_H = U_{EIN} - U_{AUS}$	U_e: Eingangsspannung B: Gleichstromverstärkung $ü$: Übersteuerungsfaktor ($ü$ = 2 bis 10) I_C: Kollektorstrom U_{RE}: Spannungsabfall an R_E U_{BE}: Basisvorspannung ($\approx$ 0,7 V) U_{RC1}: Spannungsabfall an R_{C1} U_B: Betriebsspannung $U_{CE\,Rest}$: Rest- oder Sättigungsspannung I_q: Querstrom $I_{B\,ist}$: tatsächlich fließender Basisstrom bei Übersteuerung

Bezeichnung	Formel	Erläuterung
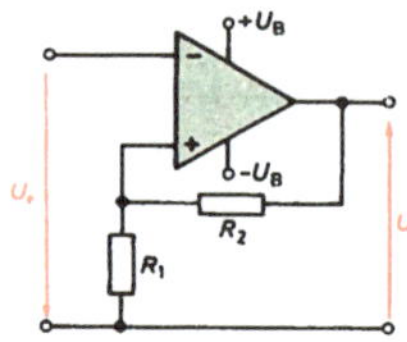 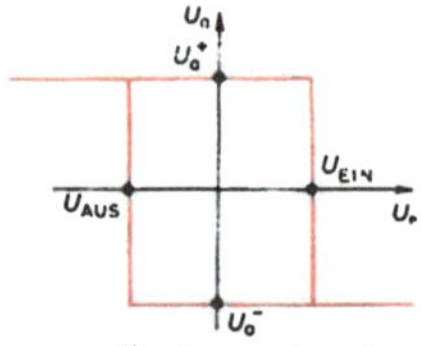 Übertragungskennlinie 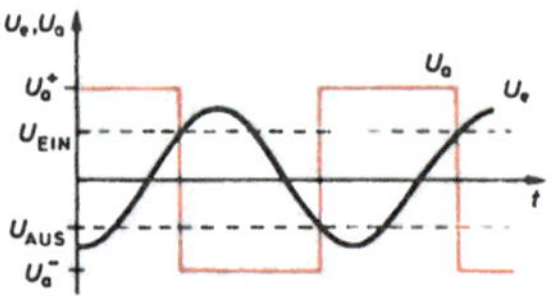 Ausgangsspannungsverlauf bei sinusförmiger Eingangsspannung	$U_e = U_{EIN} = \frac{R_1}{R_1 + R_2} \cdot U_{a^+}$ $U_e = U_{AUS} = \frac{R_1}{R_1 + R_2} \cdot U_{a^-}$ $U_H = \frac{R_1}{R_1 + R_2} (U_{a^+} - U_{a^-})$	U_{EIN}: Einschaltspannung U_{AUS}: Ausschaltspannung U_{a^+}: pos. Ausgangsspannung U_{a^-}: neg. Ausgangsspannung U_H: Hysteresespannung U_e: Eingangsspannung

Signalgeneratoren

Rechteckgeneratoren

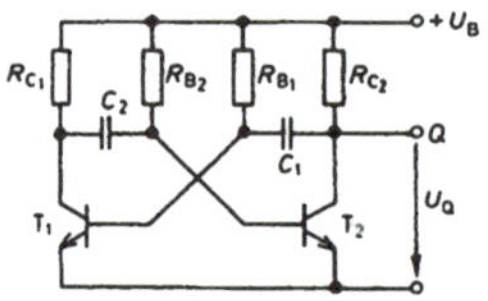	$R_{C1} = R_{C2} = \frac{U_B - U_{CE\,Rest}}{I_C}$ $R_{C1} = R_{C2} \approx \frac{U_B}{I_C}$ $R_{B1} = R_{B2} = \frac{(U_B - U_{BE}) \cdot B}{ü \cdot I_C}$ $T \approx 0{,}7\,(R_{B1} \cdot C_1 + R_{B2} \cdot C_2)$ $t_i \approx 0{,}7\,R_{B2} \cdot C_2$ $\frac{t_i}{t_p} \approx \frac{R_{B2} \cdot C_2}{R_{B1} \cdot C_1}$	U_B: Betriebsspannung $U_{CE\,Rest}$: Rest- oder Sättigungsspannung I_C: Kollektorstrom B: Gleichstromverstärkung $ü$: Übersteuerungsfaktor $ü \approx 2$ bis 10 U_{BE}: Basisvorspannung $U_{BE} \approx 0{,}7$ V t_i: Impulsdauer t_p: Pausendauer t_i/t_p: Impuls-Pausenverhältnis T: Periodendauer ln: natürlicher Logarithmus U_S: Schaltspannung U_Q: Ausgangsspannung
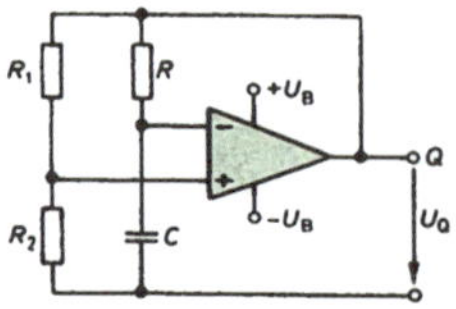	$t_i = t_p = -R \cdot C \cdot \ln\left(\frac{U_Q - U_S}{U_Q + U_S}\right)$ $U_S = U_Q \frac{R_2}{R_1 + R_2}$ $t_i = t_p = R \cdot C \cdot \ln\left(1 + 2\frac{R_2}{R_1}\right)$ $f = \frac{1}{2\,t_i}$	

Bezeichnung	Formel	Erläuterung
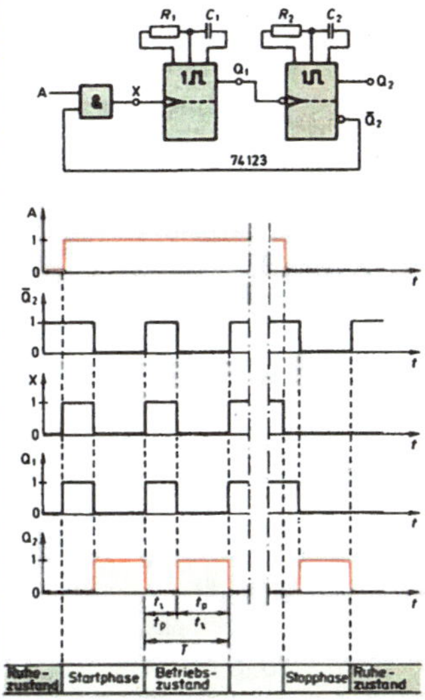	$t_i \approx 0{,}3\,R_2 \cdot C_2$ $t_p \approx 0{,}3\,R_1 \cdot C_1$ $T \approx 0{,}3\,(R_1 \cdot C_1 + R_2 \cdot C_2)$ $\dfrac{t_i}{t_p} = \dfrac{R_2 \cdot C_2}{R_1 \cdot C_1}$	t_i: Impulsdauer t_p: Impulspause T: Periodendauer t_i/t_p: Impuls-Pausen-verhältnis
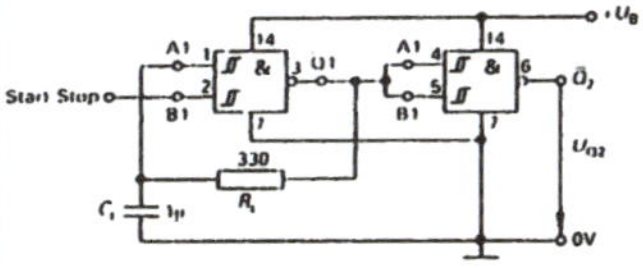 2 x 74LS132	$f = \dfrac{0{,}8}{R_t \cdot C_t}$ $R_t = 330\ \Omega$ $t_i/t_p \approx 0{,}5$	f: Frequenz
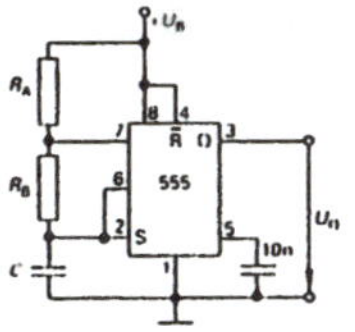	$t_i = 0{,}69\,(R_A + R_B) \cdot C$ $t_p = 0{,}69\,R_B \cdot C$ $T = t_i + t_p$ $T = 0{,}69\,(R_A + 2\,R_B) \cdot C$ $t_i/t_p = \dfrac{R_A + R_B}{R_B}$ $U_C = \dfrac{2}{3}\,U_B$	t_i: Impulsdauer t_p: Impulspause T: Periodendauer U_C: Kondensator-spannung U_B: Betriebs-spannung

Bezeichnung	Formel	Erläuterung
Sägezahngeneratoren		
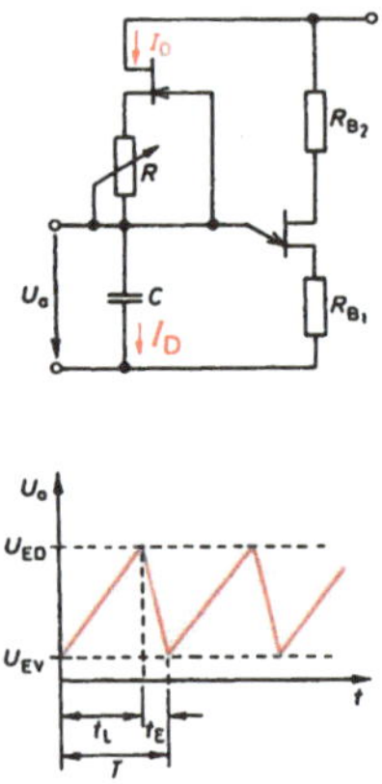	$R_{B1} \approx 5 \cdot \frac{U_{EP}}{I_{Emax}}$ $R_{B2} \approx \frac{0{,}7\ \mathrm{V} \cdot R_{BB}}{\eta \cdot U_B}$ $I = I_D = \frac{-U_{GS}}{R}$ $t_L = \frac{(U_{EP} - U_{EV}) \cdot C}{I}$ $t_E = R_{B1} \cdot C \cdot \ln \frac{U_{EP}}{U_{EV}}$ $f = \frac{1}{t_L + t_E}$ $f = \frac{I}{(U_{EP} - U_{EV}) \cdot C}$	U_{EP}: Höckerspannung U_{EV}: Talspannung η: inneres Spannungsverhältnis $\eta \approx 0{,}6$ bis $0{,}8$ U_B: Betriebsspannung R_{BB}: Interbasiswiderstand I_{Emax}: max. Emitterstrom t_L: Ladezeit t_E: Entladezeit f: Frequenz $I = I_D$: konstanter Aufladestrom des Kondensators ln: natürl. Logarithmus I_D: Drainstrom U_{GS}: Gatevorspannung
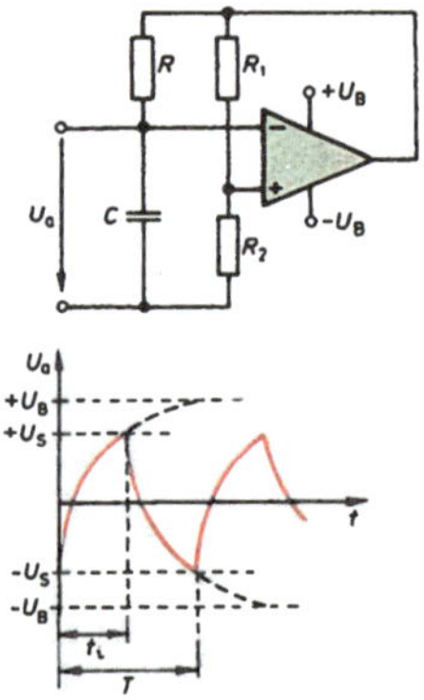	$t_i = R \cdot C \cdot \ln \left(1 + \frac{2\,R_2}{R_1}\right)$ $f = \frac{1}{2\,t_i}$	t_i: Impulsdauer ln: natürlicher Logarithmus f: Frequenz
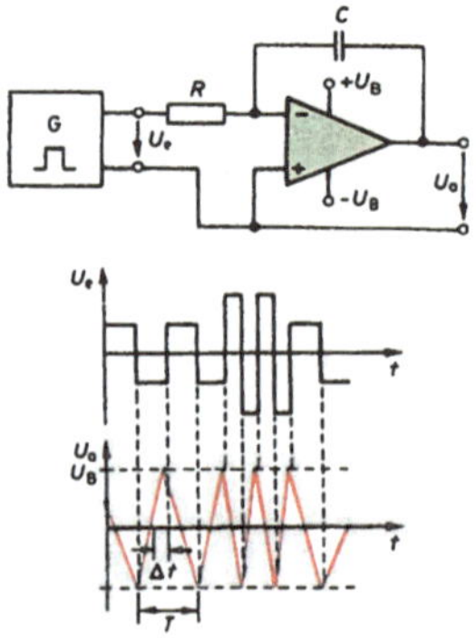	$\Delta U_a = -\frac{U_e}{R \cdot C} \cdot \Delta t$ $f = \frac{1}{4 \cdot t}$ Die Frequenz wird vom Rechteckgenerator bestimmt.	ΔU_a: Ausgangsspannungsänderung U_e: Eingangsspannung Δt: Zeitdifferenz f: Frequenz

Bezeichnung	Formel	Erläuterung
Sinusgeneratoren		
Amplitudenbedingung 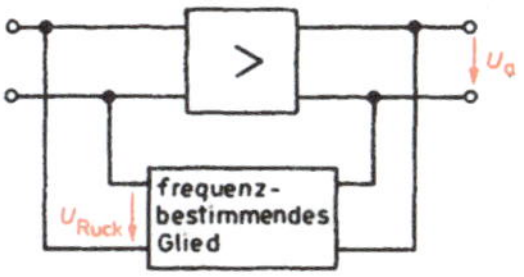 **Phasenbedingung**	$U_a = V_u \cdot U_{Rück}$ $K \cdot V_u = 1$ $K = \frac{U_{Rück}}{U_a}$ $A = \frac{1}{K}$ $\varphi = 0°$	A: Dämpfungsfaktor K: Kopplungsfaktor V_u: Spannungsverstärkung φ: Phasenwinkel zw. Eingangsspannung u. rückgeführter Spannung
LC-Generator 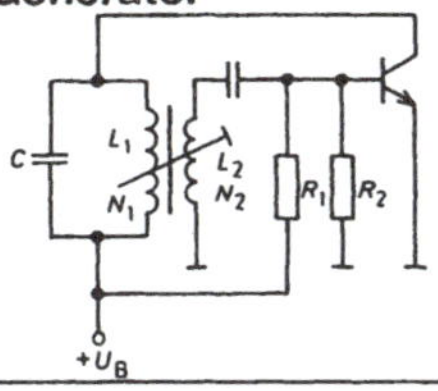	$f_0 = \frac{1}{2\pi\sqrt{L_1 C}}$ $K = \frac{U_{L2}}{U_{L1}} = \frac{N_2}{N_1}$ $V_u = \frac{1}{K}$	f_0: Schwingfrequenz K: Kopplungsfaktor U_{L1}, U_{L2}: Spannung an der Spule N_1, N_2: Windungszahl V_u: Spannungsverstärkung
Phasenschiebergenerator 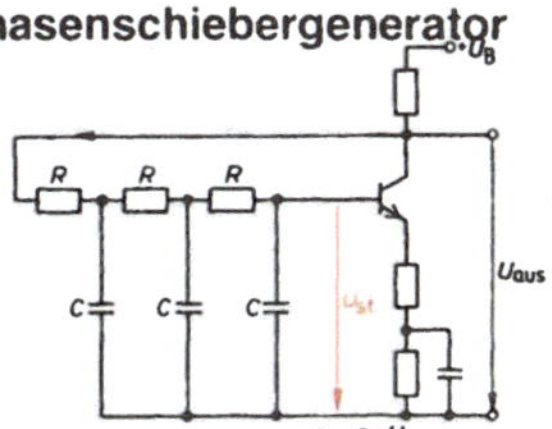 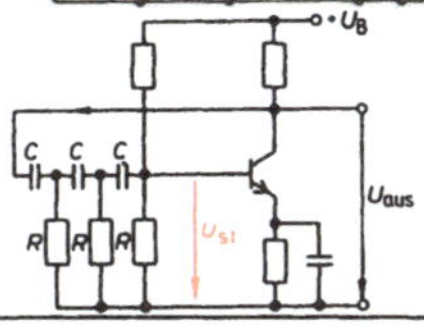	$f_0 = \frac{\sqrt{6}}{2\pi R \cdot C}$ $A = \frac{U_{aus}}{U_{st}} = 29$ $V = A$ $f_0 = \frac{1}{2\pi\sqrt{6} \cdot R \cdot C}$ $A = \frac{U_{aus}}{U_{st}} = 29$ $V = A$	f_0: Schwingfrequenz A: Dämpfungsfaktor **V**: Verstärkung U_{aus}: Ausgangswechselspannung U_{st}: Steuerwechselspannung
Phasenschiebergenerator 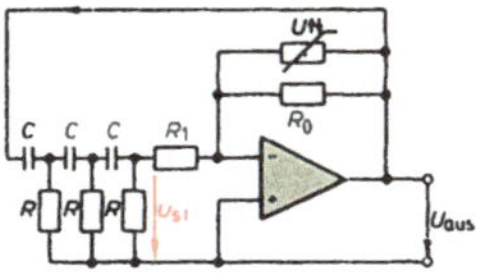	$f_0 = \frac{1}{2\pi\sqrt{6} \cdot R \cdot C}$ $A = \frac{U_{aus}}{U_{st}} = 29$ $V = A$ $V = \frac{R_0}{R_1}$	f_0: Schwingfrequenz A: Dämpfungsfaktor V: Verstärkung U_{aus}: Ausgangswechselspannung U_{st}: Steuerwechselspannung
Wien-Brückengenerator 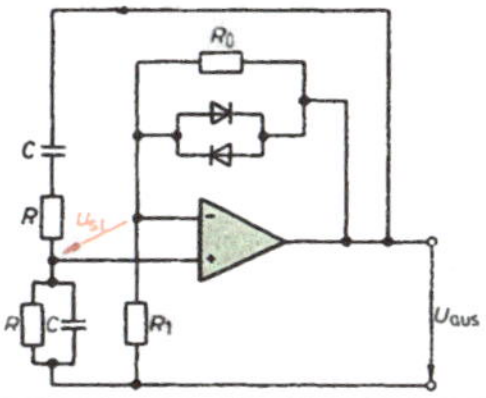	$f_0 = \frac{1}{2\pi \cdot R \cdot C}$ $A = \frac{U_{aus}}{U_{st}} = 3$ $V = A$ $V = 1 + \frac{R_0}{R_1}$	

Bezeichnung	Formel	Erläuterung
Funktionsgeneratoren		
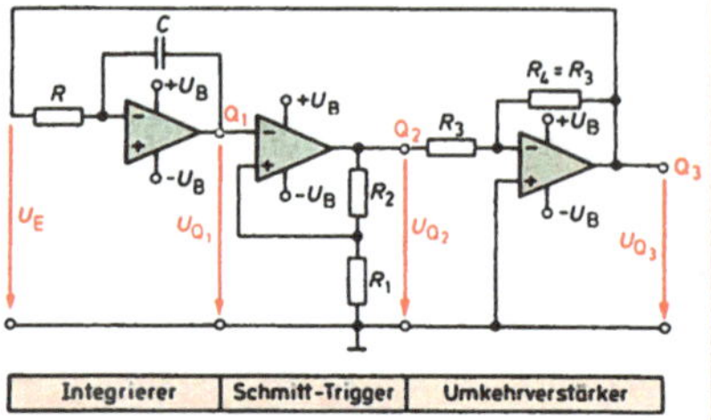 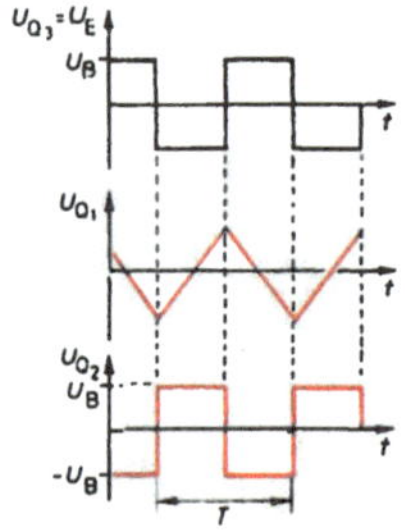	Mit $U_E = U_{Q3}$ gilt: $T = 4 \cdot R \cdot C \dfrac{R_1}{R_1 + R_2}$	T: Schwingungsdauer f_0: Schwingfrequenz U_{Q1}; U_{Q2}; U_{Q3}: Ausgangsspannung
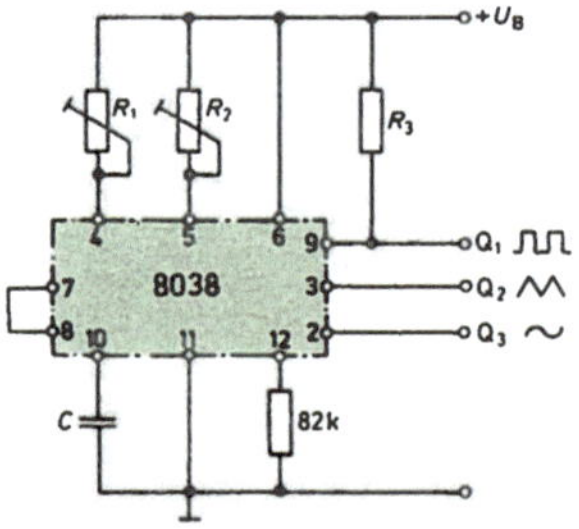 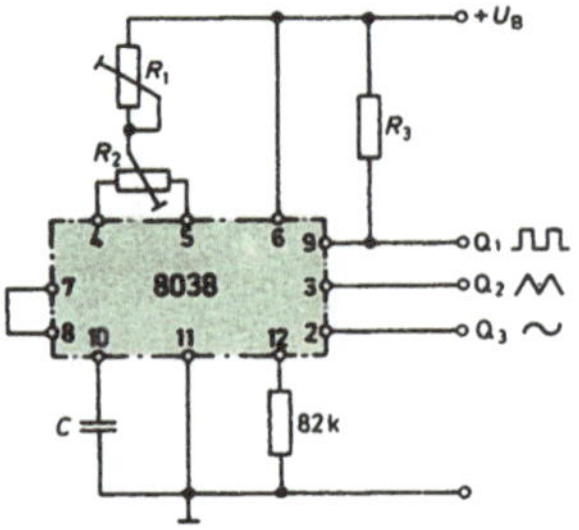	$R_1 = R_2 = R$ $f_0 \approx \dfrac{0{,}3}{R \cdot C}$ $R_3 = 4{,}7\ \mathrm{k\Omega}$ Rechteck: $U_{Q1} = 0{,}9 \cdot U_B$ Dreieck: $U_{Q2} = 0{,}3 \cdot U_B$ Sinus: $U_{Q3} = 0{,}2 \cdot U_B$ $f_0 \approx \dfrac{0{,}15}{R_1 \cdot C}$ für $R_2 \leq R_1$ $R_3 = 4{,}7\ \mathrm{k\Omega}$	f_0: Schwingfrequenz U_{Q1}; U_{Q2}; U_{Q3}: Ausgangs-Spitzen-Spitzen-Wert

Bezeichnung	Formel und Erläuterung		
Rechnen mit Dualzahlen			
Addition	A + B	Summe	Übertrag auf die nächsthöhere Stelle
	0 + 0	= 0	0
	0 + 1	= 1	0
	1 + 0	= 1	0
	1 + 1	= 0	1
	1 + 1 + 1	= 1	1
Subtraktion	A − B	Differenz	Übertrag auf die nächsthöhere Stelle
	0 − 0	= 0	0
	0 − 1	= 1	− 1
	1 − 0	= 1	0
	1 − 1	= 0	0
	0 − 1 − 1	= 0	− 1
	1 − 1 − 1	= 1	− 1
Multiplikation	A · B	Produkt	Übertrag auf die nächsthöhere Stelle
	0 · 0	= 0	–
	0 · 1	= 0	–
	1 · 0	= 0	–
	1 · 1	= 1	–
Division	A : B	Quotient	Übertrag auf die nächsthöhere Stelle
	0 : 0	unbest.	–
	0 : 1	= 0	–
	1 : 0	unbest.	–
	1 : 1	= 1	–

Zahlensysteme

Dezimalsystem $Z_{(10)}$	Dualsystem $Z_{(2)}$	Hexadezimal-system $Z_{(16)}$	Dezimalsystem $Z_{(10)}$	Dualsystem $Z_{(2)}$	Hexadezimal-system $Z_{(16)}$
0	0	0	**13**	1101	D
1	1	1	**14**	1110	E
2	10	2	**15**	1111	F
3	11	3	**16**	10000	10
4	100	4	**17**	10001	11
5	101	5	**18**	10010	12
6	110	6	**19**	10011	13
7	111	7	**20**	10100	14
8	1000	8	**21**	10101	15
9	1001	9	**22**	10110	16
10	1010	A	**23**	10111	17
11	1011	B	**24**	11000	18
12	1100	C	**25**	11001	19

Logische Schaltungen

Logische Grundfunktionen

Name	Schaltzeichen	Wahrheits-tabelle	Funktions-gleichung	Signal-Zeit-Plan
UND	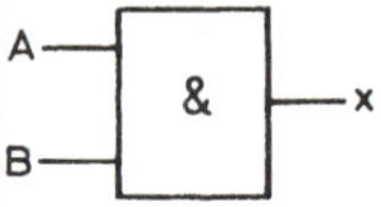	A B x 0 0 0 0 1 0 1 0 0 1 1 1	$x = A \wedge B$	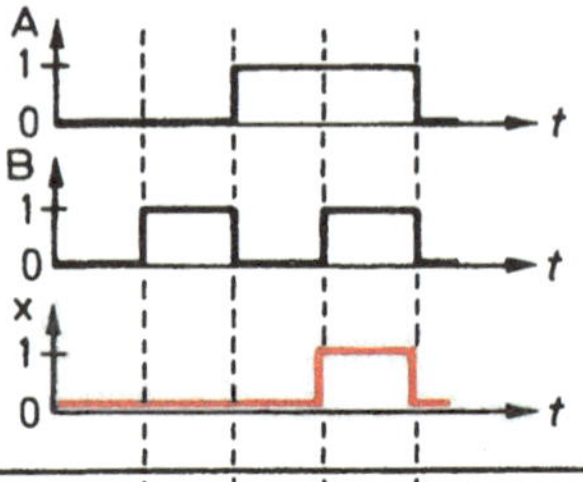
ODER	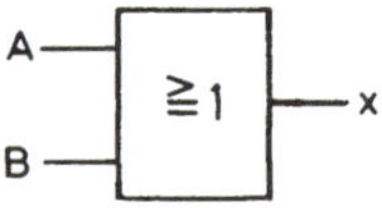	A B x 0 0 0 0 1 1 1 0 1 1 1 1	$x = A \vee B$	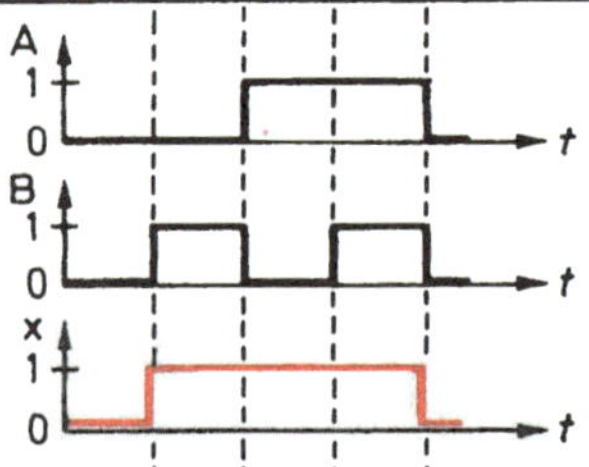
NICHT	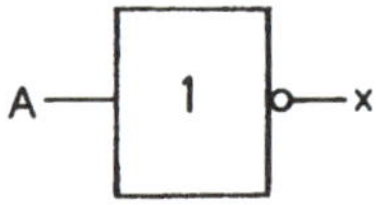	A x 0 1 1 0	$x = \overline{A}$	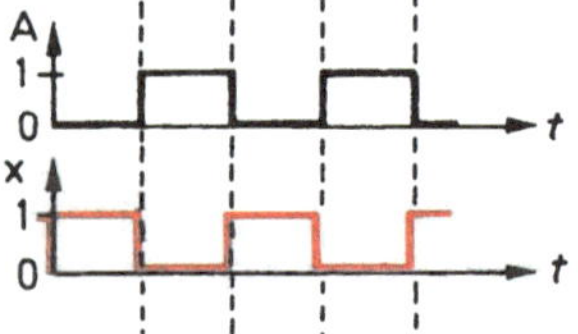
NAND	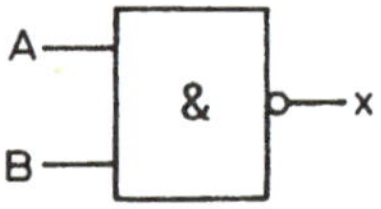	A B x 0 0 1 0 1 1 1 0 1 1 1 0	$x = \overline{A \wedge B}$	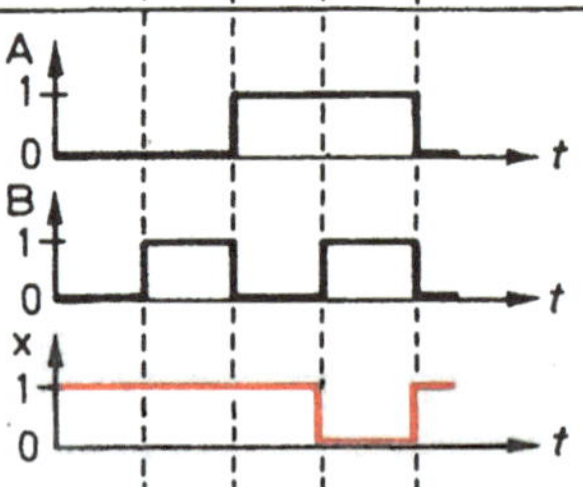
NOR	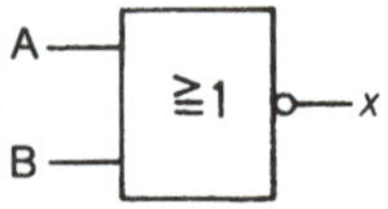	A B x 0 0 1 0 1 0 1 0 0 1 1 0	$x = \overline{A \vee B}$	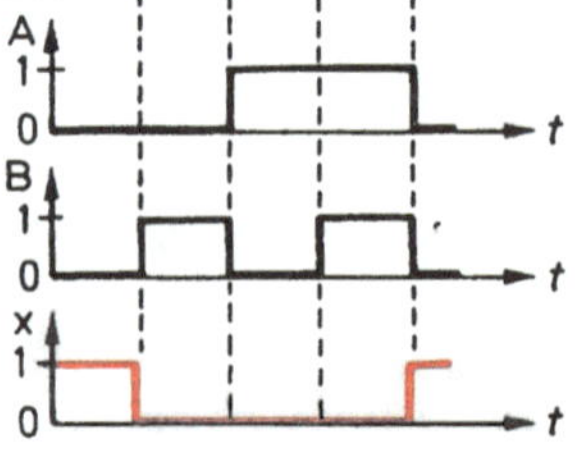

NAND- und NOR-Glieder als universelle Bausteine

<table>
<tr><th colspan="2">Name</th><th>Grundfunktion</th><th>ersetzt durch NAND-Gatter</th><th>ersetzt durch NOR-Gatter</th></tr>
<tr><td rowspan="3">NICHT</td><td>Schalt-zeichen</td><td></td><td>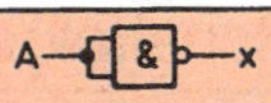</td><td></td></tr>
<tr><td>Fkt-Gleichung</td><td>$x = \overline{A}$</td><td>$x = \overline{A \wedge A} = \overline{A}$</td><td>$x = \overline{A \vee A} = \overline{A}$</td></tr>
<tr><td>Wahrheits-tabelle</td><td><table><tr><th>A</th><th>x</th></tr><tr><td>0</td><td>1</td></tr><tr><td>1</td><td>0</td></tr></table></td><td><table><tr><th>A</th><th>x</th></tr><tr><td>0</td><td>1</td></tr><tr><td>1</td><td>0</td></tr></table></td><td><table><tr><th>A</th><th>x</th></tr><tr><td>0</td><td>1</td></tr><tr><td>1</td><td>0</td></tr></table></td></tr>
<tr><td rowspan="3">UND</td><td>Schalt-zeichen</td><td></td><td>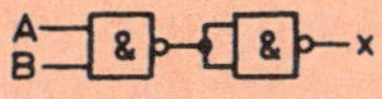</td><td>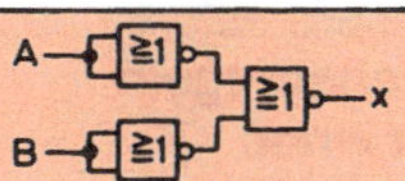</td></tr>
<tr><td>Fkt-Gleichung</td><td>$x = A \wedge B$</td><td>$x = \overline{\overline{A \wedge B}} = A \wedge B$</td><td>$x = \overline{\overline{A} \vee \overline{B}} = A \wedge B$</td></tr>
<tr><td>Wahrheits-tabelle</td><td><table><tr><th>A</th><th>B</th><th>x</th></tr><tr><td>0</td><td>0</td><td>0</td></tr><tr><td>0</td><td>1</td><td>0</td></tr><tr><td>1</td><td>0</td><td>0</td></tr><tr><td>1</td><td>1</td><td>1</td></tr></table></td><td><table><tr><th>A</th><th>B</th><th>$\overline{A \wedge B}$</th><th>x</th></tr><tr><td>0</td><td>0</td><td>1</td><td>0</td></tr><tr><td>0</td><td>1</td><td>1</td><td>0</td></tr><tr><td>1</td><td>0</td><td>1</td><td>0</td></tr><tr><td>1</td><td>1</td><td>0</td><td>1</td></tr></table></td><td><table><tr><th>A</th><th>B</th><th>$\overline{A}$</th><th>$\overline{B}$</th><th>$\overline{A} \vee \overline{B}$</th><th>x</th></tr><tr><td>0</td><td>0</td><td>1</td><td>1</td><td>1</td><td>0</td></tr><tr><td>0</td><td>1</td><td>1</td><td>0</td><td>1</td><td>0</td></tr><tr><td>1</td><td>0</td><td>0</td><td>1</td><td>1</td><td>0</td></tr><tr><td>1</td><td>1</td><td>0</td><td>0</td><td>0</td><td>1</td></tr></table></td></tr>
<tr><td rowspan="3">ODER</td><td>Schalt-zeichen</td><td>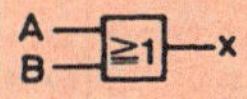</td><td>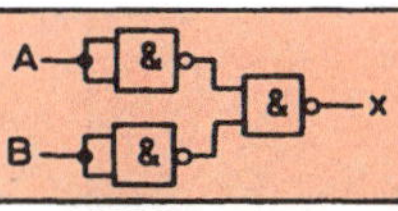</td><td>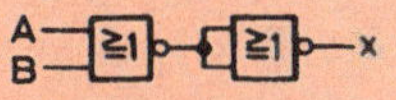</td></tr>
<tr><td>Fkt-Gleichung</td><td>$x = A \vee B$</td><td>$x = \overline{\overline{A} \wedge \overline{B}} = A \vee B$</td><td>$x = \overline{\overline{A \vee B}} = A \vee B$</td></tr>
<tr><td>Wahrheits-tabelle</td><td><table><tr><th>A</th><th>B</th><th>x</th></tr><tr><td>0</td><td>0</td><td>0</td></tr><tr><td>0</td><td>1</td><td>1</td></tr><tr><td>1</td><td>0</td><td>1</td></tr><tr><td>1</td><td>1</td><td>1</td></tr></table></td><td><table><tr><th>A</th><th>B</th><th>$\overline{A}$</th><th>$\overline{B}$</th><th>$\overline{A} \wedge \overline{B}$</th><th>x</th></tr><tr><td>0</td><td>0</td><td>1</td><td>1</td><td>1</td><td>0</td></tr><tr><td>0</td><td>1</td><td>1</td><td>0</td><td>0</td><td>1</td></tr><tr><td>1</td><td>0</td><td>0</td><td>1</td><td>0</td><td>1</td></tr><tr><td>1</td><td>1</td><td>0</td><td>0</td><td>0</td><td>1</td></tr></table></td><td><table><tr><th>A</th><th>B</th><th>$\overline{A \vee B}$</th><th>x</th></tr><tr><td>0</td><td>0</td><td>1</td><td>0</td></tr><tr><td>0</td><td>1</td><td>0</td><td>1</td></tr><tr><td>1</td><td>0</td><td>0</td><td>1</td></tr><tr><td>1</td><td>1</td><td>0</td><td>1</td></tr></table></td></tr>
<tr><td rowspan="3">NAND</td><td>Schalt-zeichen</td><td>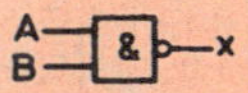</td><td></td><td>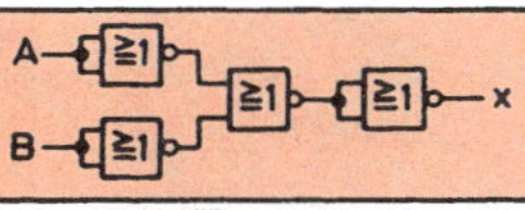</td></tr>
<tr><td>Fkt-Gleichung</td><td>$x = \overline{A \wedge B}$</td><td>$x = \overline{A \wedge B}$</td><td>$x = \overline{\overline{\overline{A} \vee \overline{B}}} = \overline{A \wedge B}$</td></tr>
<tr><td>Wahrheits-tabelle</td><td><table><tr><th>A</th><th>B</th><th>x</th></tr><tr><td>0</td><td>0</td><td>1</td></tr><tr><td>0</td><td>1</td><td>1</td></tr><tr><td>1</td><td>0</td><td>1</td></tr><tr><td>1</td><td>1</td><td>0</td></tr></table></td><td><table><tr><th>A</th><th>B</th><th>x</th></tr><tr><td>0</td><td>0</td><td>1</td></tr><tr><td>0</td><td>1</td><td>1</td></tr><tr><td>1</td><td>0</td><td>1</td></tr><tr><td>1</td><td>1</td><td>0</td></tr></table></td><td><table><tr><th>A</th><th>B</th><th>$\overline{A}$</th><th>$\overline{B}$</th><th>$\overline{A} \vee \overline{B}$</th><th>x</th></tr><tr><td>0</td><td>0</td><td>1</td><td>1</td><td>1</td><td>1</td></tr><tr><td>0</td><td>1</td><td>1</td><td>0</td><td>1</td><td>1</td></tr><tr><td>1</td><td>0</td><td>0</td><td>1</td><td>1</td><td>1</td></tr><tr><td>1</td><td>1</td><td>0</td><td>0</td><td>0</td><td>0</td></tr></table></td></tr>
<tr><td rowspan="3">NOR</td><td>Schalt-zeichen</td><td>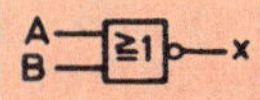</td><td>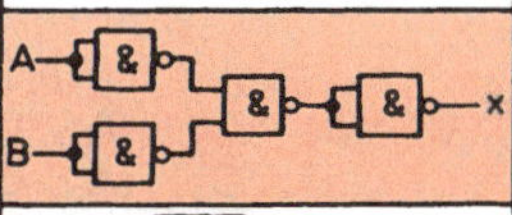</td><td>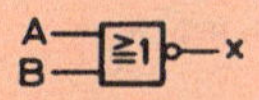</td></tr>
<tr><td>Fkt-Gleichung</td><td>$x = \overline{A \vee B}$</td><td>$x = \overline{\overline{\overline{A} \wedge \overline{B}}} = \overline{A \vee B}$</td><td>$x = \overline{A \vee B}$</td></tr>
<tr><td>Wahrheits-tabelle</td><td><table><tr><th>A</th><th>B</th><th>x</th></tr><tr><td>0</td><td>0</td><td>1</td></tr><tr><td>0</td><td>1</td><td>0</td></tr><tr><td>1</td><td>0</td><td>0</td></tr><tr><td>1</td><td>1</td><td>0</td></tr></table></td><td><table><tr><th>A</th><th>B</th><th>$\overline{A}$</th><th>$\overline{B}$</th><th>$\overline{A} \wedge \overline{B}$</th><th>x</th></tr><tr><td>0</td><td>0</td><td>1</td><td>1</td><td>1</td><td>1</td></tr><tr><td>0</td><td>1</td><td>1</td><td>0</td><td>0</td><td>0</td></tr><tr><td>1</td><td>0</td><td>0</td><td>1</td><td>0</td><td>0</td></tr><tr><td>1</td><td>1</td><td>0</td><td>0</td><td>0</td><td>0</td></tr></table></td><td><table><tr><th>A</th><th>B</th><th>x</th></tr><tr><td>0</td><td>0</td><td>1</td></tr><tr><td>0</td><td>1</td><td>0</td></tr><tr><td>1</td><td>0</td><td>0</td></tr><tr><td>1</td><td>1</td><td>0</td></tr></table></td></tr>
</table>

Bezeichnung	Formel und Erläuterung

Schaltalgebra

Verknüpfungszeichen

Operation	UND	ODER	NICHT
Schaltalgebra	$A \cdot B$	$A + B$	$\overline{A}$
Aussagelogik	$A \wedge B$	$A \vee B$	$\neg A$
Rechenregeln mit einer Variablen	$A \wedge 0 = 0$ $A \wedge 1 = A$ $A \wedge A = A$ $A \wedge \overline{A} = 0$	$A \vee 0 = A$ $A \vee 1 = 1$ $A \vee A = A$ $A \vee \overline{A} = 1$	$\overline{A} = x$ $\overline{\overline{A}} = A = \overline{x}$ $\overline{\overline{\overline{A}}} = \overline{A} = x$ $\overline{\overline{\overline{\overline{A}}}} = A = \overline{x}$

Grundfunktionen

Name	Ein-/Ausgang A 0011 B 0101	Funktionsgleichung
Konstante	Q 0000	$Q = 0$
UND (Konjunktion)	0001	$Q = A \wedge B$
Inhibition	0010	$Q = A \wedge \overline{B}$
Identität A	0011	$Q = A$
Inhibition	0100	$Q = \overline{A} \wedge B$
Identität B	0101	$Q = B$
Antivalenz (Exklusiv-ODER)	0110	$Q = (\overline{A} \wedge B) \vee (A \wedge \overline{B})$ $Q = (\overline{A} \vee \overline{B}) \wedge (A \vee B)$
ODER (Disjunktion)	0111	$Q = A \vee B$
NOR	1000	$Q = \overline{A \vee B} = \overline{A} \wedge \overline{B}$
Äquivalenz	1001	$Q = (\overline{A} \wedge \overline{B}) \vee (A \wedge B)$ $Q = (A \vee \overline{B}) \wedge (\overline{A} \vee B)$
Negation B	1010	$Q = \overline{B}$
Implikation	1011	$Q = A \vee \overline{B}$
Negation A	1100	$Q = \overline{A}$
Implikation	1101	$Q = \overline{A} \vee B$
NAND	1110	$Q = \overline{A \wedge B} = (\overline{A} \vee \overline{B})$
Konstante	1111	$Q = 1$

Rechenregeln für zwei und mehr Variable

Kommutativ-Gesetz (Vertauschungsgesetz)	$A \vee B = B \vee A$ $A \wedge B = B \wedge A$
Assoziativ-Gesetz (Zusammenfassungsgesetz)	$A \vee B \vee C = A \vee (B \vee C) = (A \vee B) \vee C = B \vee (A \vee C)$ $A \wedge B \wedge C = A \wedge (B \wedge C) = (A \wedge B) \wedge C = B \wedge (A \wedge C)$
Distributiv-Gesetz (Verteilungsgesetz)	$(A \vee B) \wedge (A \vee C) = A \vee (B \wedge C)$ $(A \wedge B) \vee (A \wedge C) = A \wedge (B \vee C)$ $(A \vee C) \wedge (B \vee C) \wedge (A \vee D) \wedge (B \vee D) = (A \wedge B) \vee (C \wedge D)$ $(A \wedge C) \vee (B \wedge C) \vee (A \wedge D) \vee (B \wedge D) = (A \vee B) \wedge (C \vee D)$
De Morgansches Gesetz (Regeln für die Negation ganzer Ausdrücke)	$\overline{A \vee B} = \overline{A} \wedge \overline{B}$ $A \vee B = \overline{\overline{A} \wedge \overline{B}}$ $\overline{A \wedge B} = \overline{A} \vee \overline{B}$ $A \wedge B = \overline{\overline{A} \vee \overline{B}}$
Kürzen und Vereinfachen von Gleichungen	$A \vee (A \wedge B) = A$ $A \wedge (\overline{A} \vee B) = A \wedge B$ $A \wedge (A \vee B) = A$ $(A \vee B) \wedge (A \vee \overline{B}) = A$ $A \vee (\overline{A} \wedge B) = A \vee B$ $(A \wedge B) \vee (A \wedge \overline{B}) = A$

Vereinfachung mit Hilfe von KV-Tafeln

Übertragung in KV-Tafeln

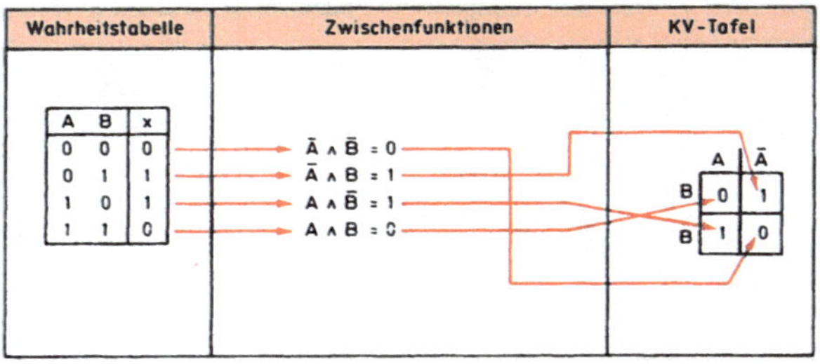

KV-Tafeln für 3, 4 und 5 Variable

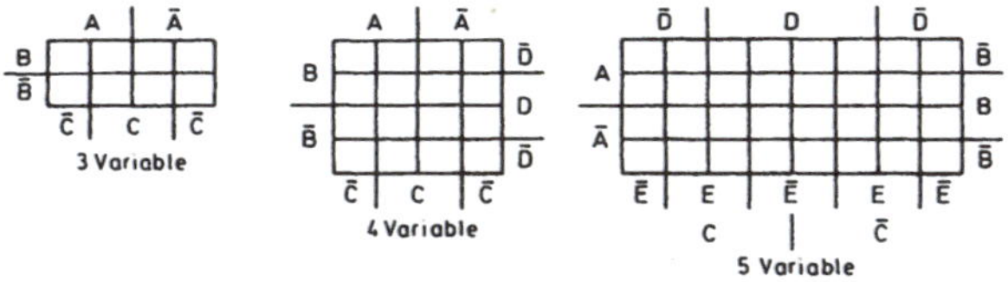

Bildung von Schleifen

Schleifen	KV-Tafel	vereinfachte Funktionsgleichung
2er-Schleife		$x = \bar{A}$
		$x = A \vee B$
	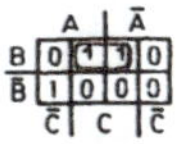	$x = (B \wedge C) \vee (A \wedge \bar{B} \wedge \bar{C})$
	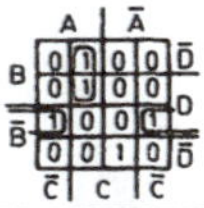	$x = (A \wedge B \wedge C) \vee (\bar{B} \wedge \bar{C} \wedge D) \vee (\bar{A} \wedge \bar{B} \wedge C \wedge \bar{D})$
4er-Schleife	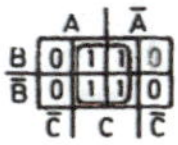	$x = C$
	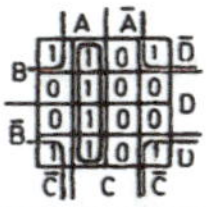	$x = (A \wedge C) \vee (\bar{C} \wedge \bar{D})$
8er-Schleife	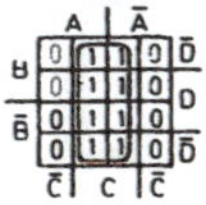	$x = C$

Schaltzeichen	Wahrheitstabelle	Zeitablaufdiagramm

Sequenzielle Schaltungen

Bistabile Kippstufen

RS-Kippstufe

S	R	Q_{tn+1}
0	0	Q_{tn}
1	0	1
0	1	0
1	1	*

* nicht definiert

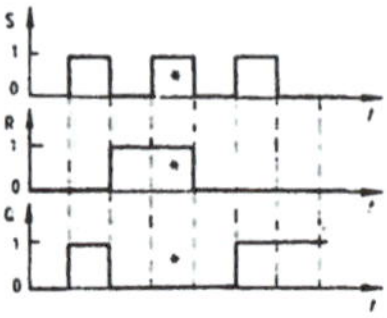

$\overline{RS}$-Kippstufe

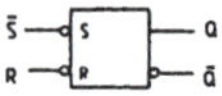

$\overline{S}$	$\overline{R}$	Q_{tn+1}
0	0	*
1	0	0
0	1	1
1	1	Q_{tn}

* nicht definiert

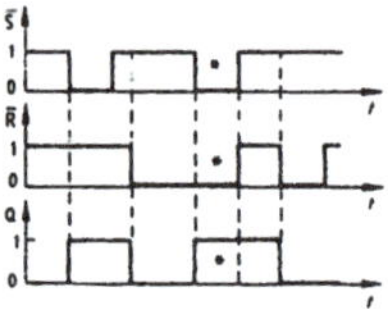

Statische D-Kippstufe

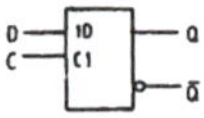

C	D	Q_{tn+1}
0	0	Q_{tn}
0	1	Q_{tn}
1	1	1
1	0	0

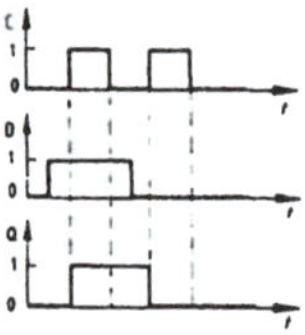

dynamische D-Kippstufe

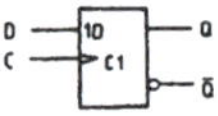

t_n	t_{n+1}
D	Q
1	1
0	0

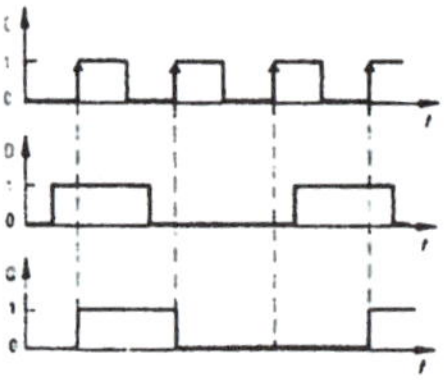

JK-Kippstufe

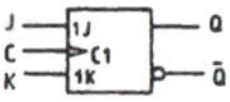

J	K	Q_{tn+1}
0	0	Q_{tn}
1	0	1
0	1	0
1	1	$\overline{Q}_{tn}$

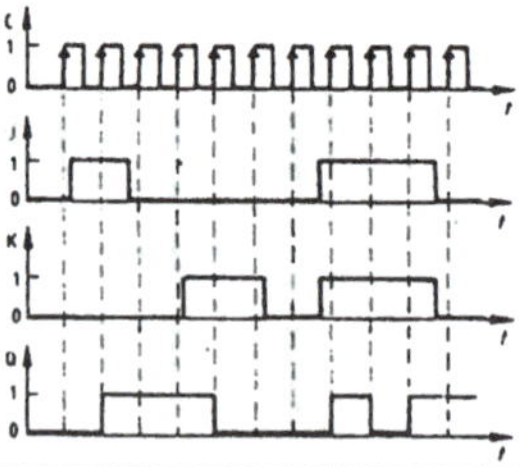

JK-MS-Kippstufe (Zweiflanken)

J	K	Q_{tn+1}
0	0	Q_{tn}
1	0	1
0	1	0
1	1	$\overline{Q}_{tn}$

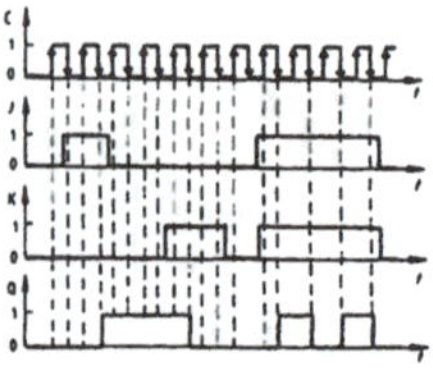

Bezeichnung	Formel	Erläuterung

BCD-Codes

Dezimalziffer	8-4-2-1-Code	Aiken-Code	einschrittiger BCD-Code	Biquinär-Code	2-aus-5-Code
0	0 0 0 0	0 0 0 0	0 0 0 1	0 0 0 0 1 0 1	1 1 0 0 0
1	0 0 0 1	0 0 0 1	0 0 1 1	0 0 0 1 0 0 1	0 0 0 1 1
2	0 0 1 0	0 0 1 0	0 0 1 0	0 0 1 0 0 0 1	0 0 1 0 1
3	0 0 1 1	0 0 1 1	0 1 1 0	0 1 0 0 0 0 1	0 0 1 1 0
4	0 1 0 0	0 1 0 0	0 1 0 0	1 0 0 0 0 0 1	0 1 0 0 1
5	0 1 0 1	1 0 1 1	1 1 0 0	0 0 0 0 1 1 0	0 1 0 1 0
6	0 1 1 0	1 1 0 0	1 1 1 0	0 0 0 1 0 1 0	0 1 1 0 0
7	0 1 1 1	1 1 0 1	1 0 1 0	0 0 1 0 0 1 0	1 0 0 0 1
8	1 0 0 0	1 1 1 0	1 0 1 1	0 1 0 0 0 1 0	1 0 0 1 0
9	1 0 0 1	1 1 1 1	1 0 0 1	1 0 0 0 0 1 0	1 0 1 0 0
Stellenwert	8 4 2 1	2 4 2 1	keine	4 3 2 1 0 5 0	7 4 2 1 0 für die Ziffern 1 bis 9

Elementvorrat und Redundanz von BCD-Codes

Bezeichnung	Formel	Erläuterung
Elementvorrat	$E_0 = 2^n$ $n = \lg E_0 / \lg 2 = \mathrm{lb}\, E_0$	E_0: Elementvorrat (verfügbare Bitzahl) in Sh (Shannon) n: Stellenzahl je Zeichen (erforderliche Bitzahl)
Redundanz	$R = \mathrm{lb}\, E_0 - \mathrm{lb}\, E_1$	E_1: genutzte Bitzahl lg: Logarithmus zur Basis 10 lb: Logarithmus zur Basis 2

Zähler

Bezeichnung	Formel	Erläuterung
Zählkapazität	$Z_n = 2^n - 1$	n: Anzahl der Kippstufen t_p: Signallaufzeit einer Kippstufe in s f_Q: Ausgangsfrequenz in Hz f_e: Eingangsfrequenz in Hz k_t: Teilerverhältnis
Zählfrequenz asynchroner Zähler	$f_{Q\max} \approx \dfrac{1}{n \cdot t_p}$	
synchroner Zähler	$f_{Q\max} \approx \dfrac{1}{t_p}$	
Ausgangsfrequenz	$f_Q = \dfrac{f_e}{k_t}$	
Teilerverhältnis	$k_t \leq 2^n$	

Bezeichnung	Formel	Erläuterung
	Datenübertragung	
	Geschwindigkeiten	
Bitrate	$b_r = \frac{n_b}{t} = \frac{1}{T_b}$	b_r: Bitrate in bit/s n_b: Anzahl der übertragenen Bits T_b: Dauer eines Bits in s
Digitrate	$d_r = \frac{1}{T_d}$	d_r: Digitrate in digit/s T_d: Dauer eines Digits in s
Schrittgeschwindigkeit Leitungsdigitrate	$s_d = \frac{b_r}{n_{bd}}$	s_d: Schrittgeschwindigkeit in Baud = s^{-1} n_{bd}: Anzahl der Bits eines Digits
Zeichenrate Zeichengeschwindigkeit	$z_r = \frac{b_r}{n_{bz}}$	z_r: Zeichenrate in Zeichen/s n_{bz}: Anzahl der Bits eines Zeichens
eff. Zeichenrate Transfergeschwindigkeit	$z_{reff} = \frac{n_z}{t}$	z_{reff}: effektive Zeichenrate in Zeichen/min n_z: Anzahl der Nutzzeichen t: Übertragungszeit
	Zeitmultiplexübertragung	
Bitrate	$b_{rM} = n_K \cdot b_{rK}$	b_{rK}: Bitrate des Einzelkanals in bit/s n_K: Anzahl der Einzelkanäle
Zeitmultiplexkanal	$b_{rM} = \frac{n_{bR}}{t_R}$	n_{bR}: Anzahl der Bits eines Rahmens
Taktfrequenz	$f = \frac{n_K \cdot n_{bZ}}{t_R}$ $t_R = t_Z \cdot n_K$	n_{bZ}: Anzahl der Bits eines Zeitschlitzes n_{bRn}: Anzahl der Nutzbits eines Rahmens t_Z: Dauer eines Zeitschlitzes in s
Rahmen-Bits	$n_{bR} = n_K \cdot n_{bZ}$	t_R: Dauer eines Zeitmultiplexrahmens in s
Nutzbits	$n_{bRn} = n_K \cdot b_{rK} \cdot t_R$	f: Taktfrequenz des Multiplexers in Hz
	Fehlerhäufigkeit	
Bitfehlerhäufigkeit	$F_b = \frac{n_f}{n_b}$ $F_b = \frac{n_f}{b_r \cdot t_m}$	n_f: Anzahl der Bitfehler n_b: Anzahl der Bits n_F: Anzahl der Blockfelder n_B: Anzahl der Blöcke n_{bB}: Anzahl der Bits je Block n_{zB}: Anzahl der Nutzzeichen je Block
Blockfehlerhäufigkeit	$F_B = \frac{n_F}{n_B}$ $F_B = n_{bB} \cdot F_b$	b_r: Bitrate in bit/s t_m: Meßzeit in s

Bezeichnung	Formel	Erläuterung
	Modem-Übertragung	
Bandbreite	$B = 1{,}4 \cdot s_d$	B: Bandbreite in Hz s_d: Schrittgeschwindigkeit Leitungsdigitrate in Baud = s^{-1}
Bitrate	$b_r = \mathrm{lb}\, n \cdot s_d$	b_r: Bitrate in bit/s
	$\mathrm{lb}\, n = \lg n / \lg 2$	n: Wertigkeit von QAM oder PSK lb n: Logarithmus von n zur Basis 2 lg n: Logarithmus von n zur Basis 10
	Übertragung über Lichtwellenleiter	
numerische Apertur	$A_n = \sin \alpha = \sqrt{n_1^2 - n_2^2}$	A_N: numerische Apertur dimensionslos α: Akzeptanzwinkel in ° n_1: Brechzahl des Kerns
	$n = \dfrac{c}{c_n}$	n_2: Brechzahl des Mantels c: Lichtgeschwindigkeit im Vakuum c = 300 000 km/s
Dispersion	$D = \dfrac{\sqrt{t_2^2 - t_1^2}}{l}$	c_n: Lichtgeschwindigkeit im Material in km/s D: Dispersion in s/m
übertragbare Bitrate	$b_{rmax} = \dfrac{0{,}375}{l \cdot D}$	t_1: Dauer des Eingangsimpulses in s
Bandbreiten-Längen-Produkt	$B_0 = 1{,}6 \cdot f_s \cdot l^{\delta}$	t_2: Dauer des Ausgangsimpulses in s b_{rmax}: höchste Bitrate in bit/s
Schwerpunktfrequenz	$f_s = 0{,}5 \cdot b_r$	l: Länge des Lichtwellenleiters in m B_0: Bandbreiten-Längen-Produkt in Hzm
Dämpfungsmaß	$A = \alpha \cdot l$	f_s: Schwerpunktfrequenz in Hz δ: Modenkopplungsgrad
	$A = 10 \lg \dfrac{P_1}{P_2}$	b_r: Bitrate in bit/s A: Dämpfungsmaß in dB
Leistungspegel	$L_p = 10 \lg \dfrac{P}{1\,\mathrm{mW}}$	α: Dämpfungskoeffizient in dB/km L_p: Leistungspegel in dBm
	$A = L_{P1} - L_{P2}$	P_1, P_2: Ein- und Ausgangsleistung in W

Bezeichnung	Formel	Erläuterung
	Übertragungstechnik	
	Übertragungsmaß	
Relativer Pegel 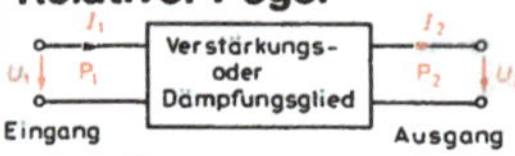 **Verstärkung**	$v = 10 \lg \frac{P_2}{P_1}$ $v = 20 \lg \frac{U_2}{U_1} = 20 \lg \frac{I_2}{I_1}$	v: Verstärkungsfaktor in dB a: Dämpfungsfaktor in dB P_1, I_1, U_1: Eingangsgrößen P_2, I_2, U_2: Ausgangsgrößen
Dämpfung	$a = 10 \lg \frac{P_1}{P_2}$ $a = 20 \lg \frac{U_1}{U_2} = 20 \lg \frac{I_1}{I_2}$	
Dämpfungsmaß	$a = \ln \frac{U_1}{U_2}$ $a = -\ln \frac{U_2}{U_1}$	a: Dämpfungsfaktor in Neper 1 dB = 0,1151 Np 1 Np = 8,686 dB
Absoluter Pegel allgemein	$n_u = 20 \lg \frac{U}{U_0}$	n_u: Spannungspegel in dB U: Meßspannung in V U_0: Bezugsspannung in V
Nf-Technik und Fernsprechtechnik	$p_a = 20 \lg \frac{U}{0{,}775\,\text{V}}$	Bezug: $P =$ 1 mW an $R = 600\ \Omega$ also $U_0 = 0{,}775$ V
Antennentechnik	p in dB µV $= 20 \lg \frac{U}{1\ \mu\text{V}}$	Bezug: $U_0 = 1$ µV an $R = 75\ \Omega$
	Wellenwiderstand	
Wellenwiderstand	$Z = \sqrt{\frac{L'}{C'}}$	Z: Wellenwiderstand in Ω L': Induktivität je Längeneinheit in H/m C': Kapazität je Längeneinheit in F/m R': Leitungswiderstand in Ω/m G': Leitungsleitwert in S/m v: Ausbreitungsgeschwindigkeit in m/s v_k: Verkürzungsfaktor dimensionslos c_0: Lichtgeschwindigkeit im Vakuum $c_0 = 3 \cdot 10^8$ m/s ε_r: Dielektrizitätszahl dimensionslos l_k: Leitungslänge in m f: Frequenz in Hz λ_0: Wellenlänge in m
Dämpfungskonstante	$\alpha = \frac{R'}{2} \sqrt{\frac{C'}{L'}} + \frac{G'}{2} \sqrt{\frac{L'}{C'}}$	
Ausbreitungsgeschwindigkeit	$v = \sqrt{\frac{1}{L' \cdot C'}}$	
Verkürzungsfaktor	$v_k = \frac{v}{c_0} = \frac{1}{\sqrt{\varepsilon_r}}$	
Leitungslänge	$l_k = v_k \cdot \lambda_0$ Bandleitung $v_k \approx 0{,}8 \ldots 0{,}75$ Koaxialkabel $v_k \approx 0{,}8 \ldots 0{,}67$ $\lambda_0 = \frac{c_0}{f}$	

Bezeichnung	Formel	Erläuterung
	Dämpfungsglieder	
Wellenwiderstand	$Z = \sqrt{Z_L \cdot Z_K}$	Z: Wellenwiderstand in Ω
unsymmetrisches T-Glied 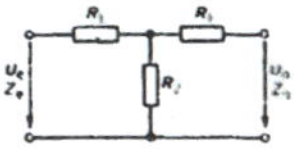	$Z_L = \frac{U}{I_L}$ bei $R_a = \infty$	Z_L: Eingangswellenwiderstand bei offenen Ausgangsklemmen in Ω
	$Z_K = \frac{U}{I_K}$ bei $R_a = 0$	Z_K: Eingangswellenwiderstand bei kurzgeschlossenen Ausgangsklemmen in Ω
symmetrisches T-Glied 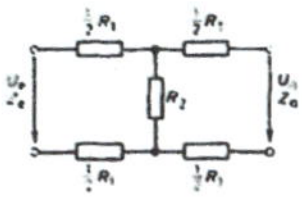	$d = \frac{U_e}{U_a}$	d: gewünschtes Spannungsverhältnis
	Voraussetzung:	U_e: Eingangsspannung in V
	$Z_e = Z_a = Z$	U_a: Ausgangsspannung in V
unsymmetrisches π-Glied 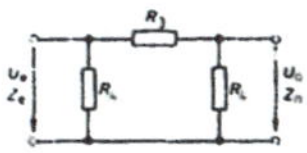	$R_1 = Z \cdot \frac{d-1}{d+1}$	R_1: Längswiderstände der T-Glieder
	$R_2 = Z \cdot \frac{2d}{d^2-1}$	R_2: Querwiderstände der T-Glieder
symmetrisches π-Glied 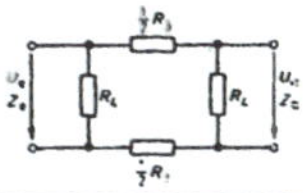	$R_3 = Z \cdot \frac{d^2-1}{2d}$	R_3: Längswiderstände der π-Glieder
	$R_4 = Z \cdot \frac{d+1}{d-1}$	R_4: Querwiderstände der π-Glieder
		Z_e: Eingangswiderstand in Ω
		Z_a: Ausgangswiderstand in Ω

Bezeichnung	Formel	Erläuterung
	Wellenausbreitung	
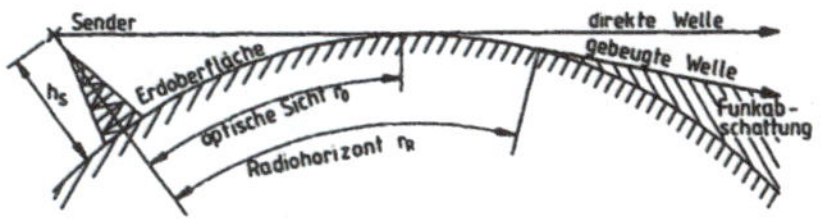		r_o: optische Sicht in km
		r_R: Radiohorizont in km
		h_s: Höhe der Senderantenne in m
		h_E: Höhe der Empfangsantenne in m
Optische Sicht	$r_o \approx 3{,}567\,(\sqrt{h_s} + \sqrt{h_E})$	E_o: Freiraumfeldstärke in V/m
Radiohorizont	$r_R \approx 4{,}12\,(\sqrt{h_s} + \sqrt{h_E})$	E_A: Feldstärke an der Empfangsantenne in V/m
Freiraumfeldstärke (λ/2-Dipol an Punkt r)	$E_o = \frac{1}{2r}\sqrt{\frac{P_s \cdot 376{,}68\,\Omega}{\pi}} \approx \frac{7 \cdot \sqrt{P_s}}{r}$	P_s: Strahlungsleistung in W
Feldstärke an der Antenne (optische Sicht)	$E_A \approx \frac{7 \cdot \sqrt{P_s} \cdot 4\pi \cdot h_s \cdot h_E}{r^2 \cdot \lambda}$	r: Reichweite in m
Reichweite	$r \approx \sqrt{\frac{7 \cdot \sqrt{P_s} \cdot 4\pi \cdot h_s \cdot h_E}{E_A \cdot \lambda}}$	λ: Wellenlänge in m
Antennenspannung an $Z_A = 75\ \Omega$	$U_{\lambda/2} = \frac{E_A \cdot \lambda}{2 \cdot \pi}$	$U_{\lambda/2}$: Antennenspannung mit λ/2-Dipol in V
Empfängereingangsspannung bei Anpassung an die Antenne	$U_E = U_{\lambda/2}\sqrt{\frac{R_E}{Z_A}}$	R_E: Empfängereingangswiderstand in Ω
		Z_A: Fußpunktwiderstand der Antenne in Ω

Radio- und Fernsehtechnik

Modulation

Bezeichnung	Formel	Erläuterung
Amplitudenmodulation 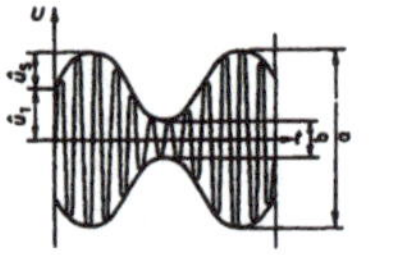 Amplitudenmodulierte Schwingung 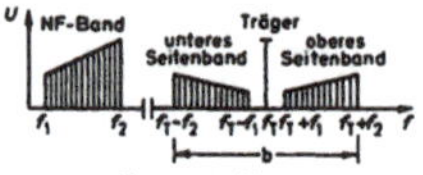 Frequenzspektrum	$m = \frac{\hat{u}_S}{\hat{u}_T}$ $m = \frac{a-b}{a+b}$ $f_{omax} = f_T + f_2$ $f_{umax} = f_T - f_2$ $b = 2 \cdot f_2$ $P = P_T + 2\,P_S$ $P = P_T\left(1 + \frac{m^2}{2}\right)$	m: Modulationsgrad $\hat{u}_S$: Signalspannung $\hat{u}_T$: Trägerspannung a: größte Schwingungsbreite b: kleinste Schwingungsbreite f_{omax}: höchste obere Seitenbandfrequenz f_{umax}: tiefste untere Seitenbandfrequenz f_T: Trägerfrequenz b: Bandbreite f_2: höchste Signalfrequenz P: Leistung der amplitudenmodulierten Schwingung
Frequenzmodulation	$M = \frac{\Delta f}{f_S}$ $b \approx 2\,(\Delta f + f_S)$	P_T: Trägerleistung P_S: Leistung eines Seitenbandes M: Modulationsindex Δf: Frequenzhub
Pulsmodulation PAM Pulsamplitudenmodulation 	$f_T \geq 2 \cdot f_{smax}$ $b \geq \frac{f_T}{g}$ $g = \frac{t_i}{T_T}$	f_S: Signalfrequenz f_T: Abtastfrequenz f_{smax}: max. Signalfrequenz b: Bandbreite g: Tastgrad t_i: Impulsdauer T_T: Abtastdauer U_Δ: Spannungsdiff. zw. 2 Stufen (Quantisierungsdiff.) in V
PCM Pulscodemodulation	$U_\Delta = \frac{U_{PAMss}}{2^n - 1}$ $N_Q = 2^n$ $b_{PCM} = f_T \cdot 2^n$ $v_{PCM} = n \cdot f_T$ $a_\Delta \approx 6\,\text{dB} \cdot n$ $\Delta L = 20 \cdot \lg\,(0{,}5 \cdot 2^n)$	U_{PAMss}: Spitzen-Spitzen des PAM-Signals in V n: Wortbreite, erforderl. Bitzahl N_Q: Quantisierungsstufenzahl b_{PCM}: Bandbreite des PCM-Signals in Hz f_T: Abtastfrequenz (Pulsf.) in Hz v_{PCM}: Übertragungsrate in bit/s a_Δ: Rauschabstand in dB ΔL: Dynamik (Lautstärkeunterschied) in dB

Rauschen

Bezeichnung	Formel	Erläuterung
bei Raumtemperatur	$U_R = \sqrt{4 \cdot K \cdot T_0 \cdot b \cdot R_g \cdot F}$ $\frac{U_R}{\mu V} = 6{,}4 \cdot 10^{-2} \sqrt{F \cdot \frac{R_g}{k\Omega} \cdot \frac{b}{kHz}}$ $F' = 10 \lg F$	U_R: Rauschspannung in V K: Boltzmannkonstante $1{,}38 \cdot 10^{-23}$ Ws/K T_0: Temperatur in Kelvin b: Bandbreite in Hz R_g: Generatorinnenwiderstand in Ω F: Rauschzahl dimensionsl. F': Rauschzahl in dB

Bezeichnung	Formel	Erläuterung
	Rauschen	
Rauschleistung	$P_R = K \cdot T_0 \cdot b \cdot V_P \cdot F$	P_R: Rauschleistung in W V_P: Leistungsverstärkung dimensionslos
	Mischung	
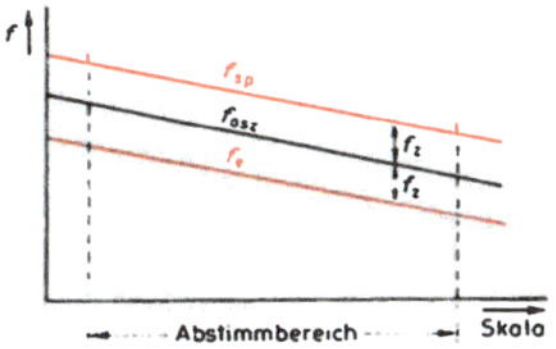	$f_{osz} = f_e + f_z$ $f_{sp} = f_e + 2 \cdot f_z$	f_{osz}: Oszillatorfrequenz f_e: Eingangsfrequenz f_z: Zwischenfrequenz f_{sp}: Spiegelfrequenz
	Bereichseinengung	
Parallelkondensator 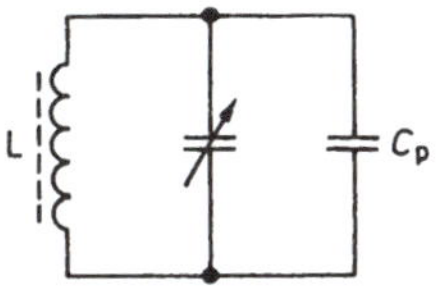 **Serienkondensator** 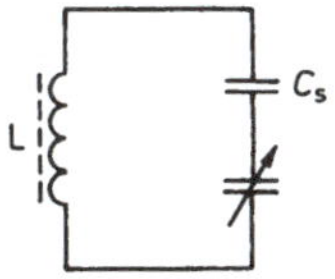	$f = \frac{1}{2\pi \cdot \sqrt{L \cdot C}}$ $V_f = \frac{f_o}{f_u}\,;\, V_c = \frac{C_e}{C_a}$ $V_f^2 = V'_c$ $V'_c = \frac{C_e + C_p}{C_a + C_p}$ $C_p = \frac{C_e - V'_c \cdot C_a}{V'_c - 1}$ $V'_c = \frac{C_e\,(C_a + C_s)}{C_a\,(C_e + C_s)}$ $C_s = \frac{V'_c \cdot C_e \cdot C_a - C_e \cdot C_a}{C_e - V'_c \cdot C_a}$ $C_s = C_e \cdot \frac{V'_c - 1}{V_c - V'_c}$	f: Resonanzfrequenz L: Kreisinduktivität C: Kreiskapazität V_f: gewünschtes Frequenzvariationsverhältnis V_c: Kapazitätsvariationsverhältnis f_o: obere Frequenz (mit C_a) f_u: untere Frequenz (mit C_e) C_e: Endkapazität des Drehkondensators (eingedreht) C_a: Anfangskapazität des Drehkondensators (ausgedreht) V'_c: erforderliches Kapazitätsverhältnis C_p: Parallelkondensator C_s: Serienkondensator
	Hf-Verstärker	
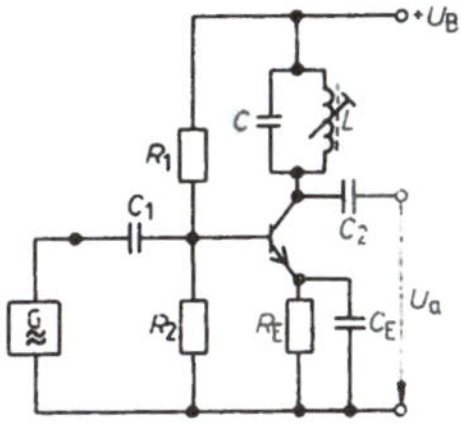 **kritisch gekoppeltes Bandfilter**	$V_u = y_{21e}\,\frac{r_{CE} \cdot Z_0}{r_{CE} + Z_0}$ $Z_0 = \frac{L}{C \cdot R_v} = Q \cdot X_L = Q \cdot X_C$ $Z_{0Bf} = \frac{Z_0}{2}$ $Q_{BF} = \frac{Q}{\sqrt{2}}$ $b_{BF} = b \cdot \sqrt{2}$	V_u: Spannungsverstärkung y_{21e}: Vorwärtssteilheit $r_{CE} = 1/g_{22e}$ = Innenwiderstand Z_0: Resonanzwiderstand des Parallelschwingkreises R_v: Verlustwiderstand d. Kreises Q: Güte des Kreises Z_{0Bf}: Resonanzwiderstand des Bandfilters Q_{BF}: Güte des Bandfilters b_{BF}: Bandbreite des Bandfilters b: Bandbreite d. Einzelkreises

Bezeichnung	Formel	Erläuterung
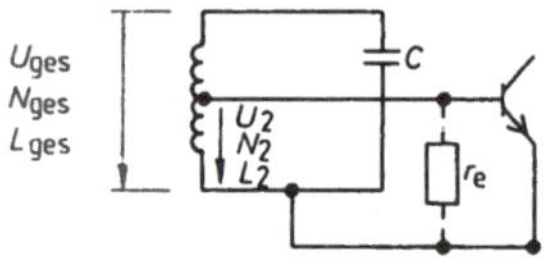	$ü = \frac{N_{ges}}{N_2}$ $ü = \frac{U_{ges}}{U_2}$ $ü = \frac{L_{ges}}{L_2}$ $r'_e = r_e \cdot ü^2$	$ü$: Übersetzungsverhältnis N_{ges}: gesamte Windungszahl des Kreises N_2: Windungszahl d. unteren Spulenhälfte U_{ges}: ges. Kreiswechselspannung U_2: abzugreifende Wechselspannung L_{ges}: gesamte Kreisinduktivität L_2: Induktivität der abzugreifenden Spule r_e: Stufeneingangswiderstand
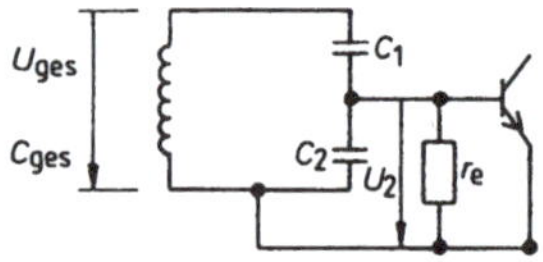	$ü = \frac{U_{ges}}{U_2}$ $ü = \frac{C_2}{C_{ges}}$ $C_{ges} = \frac{C_1 \cdot C_2}{C_1 + C_2}$ $r'_e = r_e \cdot ü^2$	C_{ges}: gesamte Kreiskapazität C_2: untere Teilkapazität C_1: obere Teilkapazität
Neutralisation 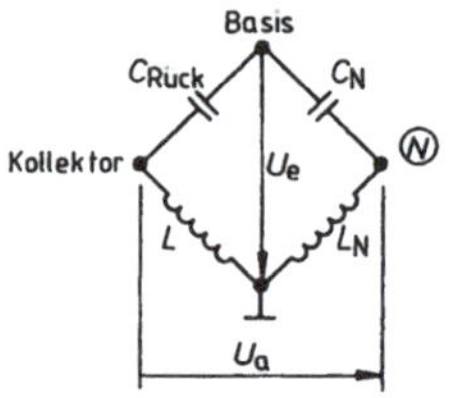	$\frac{C_N}{C_{Rück}} = \frac{L}{L_N}$ $L = A_L \cdot N^2$ $\frac{C_N}{C_{Rück}} = \left(\frac{N}{N_N}\right)^2$	C_N: Neutralisationskondensator $C_{Rück}$: Rückwirkungskapazität L: Kreisspule L_N: Neutralisationsspule N: Windungszahl der Kreisspule N_N: Windungszahl der Neutralisationsspule A_L: Spulenkonstante in Vs/A
Demodulator		
Bedämpfung **Reihengleichrichter** **Paralellgleichrichter**	$R_D = R_L / 2$ $R_D = R_L / 3$	R_D: Dämpfungs- oder Belastungswiderstand R_L: Lastwiderstand des Demodulators
Hf-Siebung 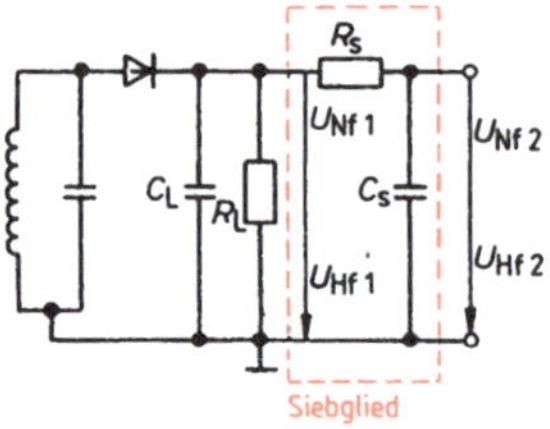	**RC-Siebung:** $s = \frac{U_1}{U_2} = \frac{\sqrt{R_S^2 + X_{CS}^2}}{X_{CS}}$ $s = \sqrt{R_S^2 \cdot \omega^2 C_S^2 + 1}$ **LC-Siebung:** $s = \frac{U_1}{U_2} = \frac{X_{LS} - X_{CS}}{X_{CS}}$ $s = \omega^2 L_S \cdot C_S - 1$	s: Siebfaktor U_1: Eingangswechselspannung U_2: Ausgangswechselspannung R_S: Siebwiderstand C_S: Siebkondensator L_S: Siebdrossel

Bezeichnung	Formel	Erläuterung
Fernsehtechnik		
Fernsehkanäle 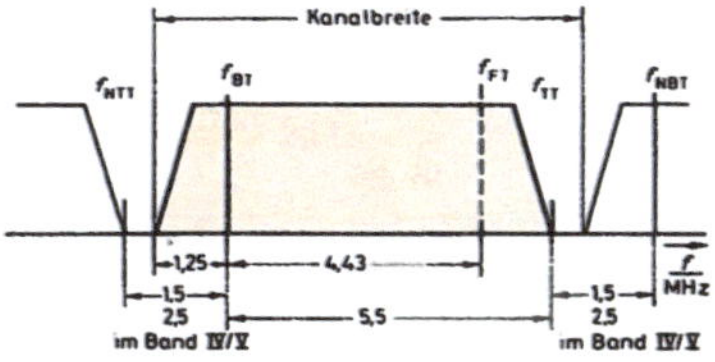 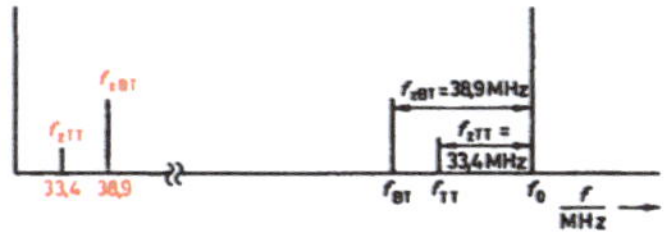	$f_{BT} = f_{Ba} + K_b (n_x - n_a) + 1{,}25\ \text{MHz}$ $f_{FT} = f_{BT} + 4{,}43\ \text{MHz}$ $f_{TT1} = f_{BT} + 5{,}5\ \text{MHz}$ $f_{TT2} = f_{BT} + 5{,}742\ \text{MHz}$ $f_{zBT} = f_o - f_{BT}$ $f_{zTT1} = f_{zBT} - 5{,}5\ \text{MHz}$ $f_{zTT2} = f_{zBT} - 5{,}742\ \text{MHz}$ $f_{zFT} = f_{zBT} - 4{,}43\ \text{MHz}$	f_{BT}: Bildträgerfrequenz f_{Ba}: Frequenz des Bandanfangs K_b: Kanalbreite n_x: Nummer des berechn. Kanals n_a: Nummer des Anfangskanals im Band f_{FT}: Farbträgerfreq. f_{TT1}: Tonträgerfreq. 1 f_{TT2}: Tonträgerfreq. 2 f_o: Oszillatorfrequenz f_{zTT1}: Zwischenfrequenz Tonträger 1 f_{zTT2}: Zwischenfrequenz Tonträger 2 f_{zFT}: Zwischenfrequenz Farbträger
Videogleichrichter 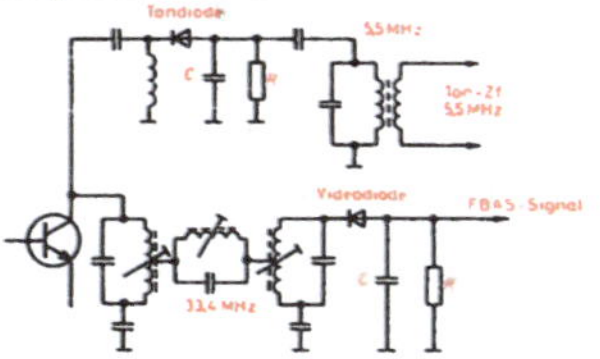	$f_g = \frac{1}{2\pi \cdot R \cdot C}$	f_g: Grenzfrequenz R: Lastwiderstand C: Ladekondensator
Videoendstufe 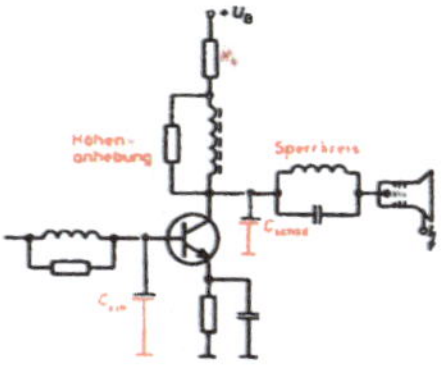	$R_c = \frac{1}{2\pi \cdot f_g \cdot C_{schädlich}}$	f_g: Grenzfrequenz R_c: Kollektorwiderstand $C_{schädlich}$: Schaltkapazitäten
Farbfernsehtechnik Leuchtdichtesignal Farbdifferenzsignale Farbartsignal Farbwinkel	$U_Y = 0{,}3\,U_R + 0{,}59\,U_G + 0{,}11\,U_B$ $U_V = \frac{U_R - U_Y}{1{,}14}$ $U_U = \frac{U_B - U_Y}{2{,}03}$ $U_F = \sqrt{U_V^2 + U_U^2}$ $\varphi = \arctan \frac{U_V}{U_U}$	U_Y: Leuchtdichtespannung U_R: Spannung am Rot-Ausgang U_G: Spannung am Grün-Ausgang U_B: Spannung am Blau-Ausgang

Antennentechnik

Kenngrößen von Richtantennen

Bezeichnung	Formel	Erläuterung
Antennengewinn	$g_A = 20 \lg \dfrac{U_{Yagi}}{U_{Dipol}}$	g_A: Antennengewinn in dB U_{Yagi}: Empfangsspannung der Yagi-Antenne in V U_{Dipol}: Empfangsspannung eines $\lambda/2$-Dipols
Vor-Rück-Verhältnis	$VR = 20 \lg \dfrac{U_{Vorwärts}}{U_{Rückwärts}}$	VR: Vor-Rück-Verhältnis in dB

Pegelrechnung einer Antennenanlage

Bezeichnung	Formel	Erläuterung
Gesamtdämpfung einer Antennenanlage	$a_{ges} = l \cdot a_K + [(n-1) \cdot a_D] + a_A + a_V + a_S$	a_{ges}: Gesamtdämpfung in dB l: Kabellänge in m a_K: Kabeldämpfung in dB pro Meter n: Anzahl der Dosen a_D: Durchgangsdämpfung einer Dose in dB a_A: Anschlussdämpfung einer Dose einschl. Empfängeranschlusskabel in dB a_V: Verteilungsdämpfung in dB a_S: sonstige Dämpfung (Weichen, Übertrager usw.) in dB
Verstärkung des Antennenverstärkers	$V_{min} = p_{min} - (p_A - a_{ges})$	V_{min}: min. Verstärkung des Antennenverstärkers in dB p_{min}: Mindestpegel nach VDE in dBµV p_A: Antennenpegel in dBµV

Windlastberechnung

Bezeichnung	Formel	Erläuterung
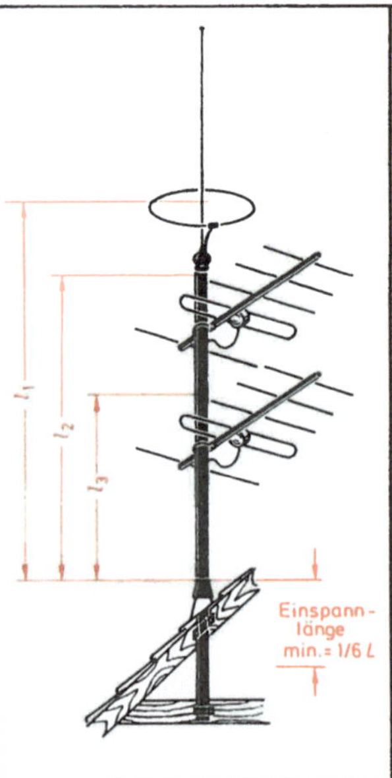	$M_{zul} \geq F_{A1} \cdot l_1 + F_{A2} \cdot l_2 + \ldots$ $\ldots + F_{An} \cdot l_n$	M_{zul}: zulässiges Lastmoment des Standrohres in Nm F_A: Windlast einer Antenne in N l: Mastlänge von der Antenne bis zum Einspannpunkt in m

Bezeichnung	Formel	Erläuterung
Rauschabstand einer Antennenanlage		
Rauschmaß	$a_R = 10 \cdot \lg F$	a_R: Rauschmaß des Verstärkers in dB F: Rauschzahl des Verstärkers
Rauschabstandsmaß	$a_\Delta = n_U - n_R$ $a_\Delta \approx n_U - a_R - 3\,\text{dB}\mu\text{V}$ $U_{Re} \approx 1{,}4\,\mu\text{V} \cdot \sqrt{F}$	a_Δ: Rauschabstandsmaß in dB n_U: Nutzspannungspegel am Eingang der Anlage in dB n_R: Rauschspannungspegel am Eingang der Anlage in dB U_{Re}: Rauschspannung auf den Eingang der Anlage umgerechnet
Rauschspannung für $B = 7$ MHz; $T = 300$ K; $R = 75\ \Omega$	$U_{Ra} = U_{Re} \cdot V_U$	U_{Ra}: Rauschspannung am Ausgang des Verstärkers V_U: Spannungsverstärkung des Verstärkers
Pegelrechnung einer BK-Anlage		
Pegelabsenkung	$a_n = 8 \cdot \lg(n-1)$ $a_k = 10 \cdot \lg n_k$	a_n: Pegelabsenkung bei > 2 belegten FS-Kanälen in dB n: Anzahl der belegten FS-Kanäle n_k: Anzahl der kaskadierten Verstärker a_k: Pegelabsenkung wegen Kaskadierung von Breitbandverstärkern in dB
Ausgangspegel	$n_{Umax} = n_{Umax0} - a_n - a_k - a_{BK}$ $n_{Umin} = a_R + 3\,\text{dB}\mu\text{V} + v_U + a_\Delta - a_{kr}$ $-a_{kr} = 10 \cdot \lg n_k$	a_{BK}: Pegelabsenkung wegen vorgeschaltetem BK-Netz in dB n_{Umax}: max. zul. Ausgangsspannungspegel in dBµV n_{Umax0}: max. zul. Nennausgangsspannungspegel nach Herstellerangabe in dBµV n_{Umin}: min. erforderl. Ausgangsspannungspegel in dBµV a_R: Rauschmaß des Verstärkers in dB v_U: Spannungsverstärkungsmaß in dB a_Δ: gefordertes Rauschabstandsmaß in dB $-a_{kr}$: Pegelanhebung zur Einhaltung des geforderten Rauschabstandsmaßes bei Kaskadierung von Verstärkern in dB

Elektroakustik

Schallgrößen

Bezeichnung	Formel	Erläuterung
Schalldruck	$P = \dfrac{\Delta F}{2 \cdot \sqrt{2} \cdot A}$	P: Schalldruck in N/m^2 ΔF: Änderung der Kraft in N A: wirksame Fläche in m^2
Wellenlänge	$\lambda = \dfrac{c}{f}$	λ: Wellenlänge in m c: Schallgeschwindigkeit in Luft $c \approx 340$ m/s f: Schallfrequenz in Hz
absoluter Schalldruckpegel	$L = 20 \cdot \lg \dfrac{p}{p_0}$ $L = 10 \cdot \lg \dfrac{J}{J_0}$	L: Schalldruckpegel in dB p: Schalldruck in μbar oder N/m^2 p_0: Bezugsschalldruck $p_0 = 2 \cdot 10^{-4}\ \mu$bar $= 20\ \mu N/m^2$ bei $f = 1000$ Hz J: Schallstärke in W/m^2 J_0: Bezugsintensität $J_0 = 10^{-12}\ W/m^2$
Lautstärke	$\dfrac{\Lambda}{\text{phon}} = \dfrac{L}{\text{dB}}$	Λ: Lautstärke in phon L: Schalldruckpegel in dB bei $f = 1000$ Hz
akustische Leistung	$P_{ak} = \dfrac{0{,}16\ \text{s/m} \cdot J \cdot V}{T}$ $P_{ak} = \eta \cdot P_{el}$	P_{ak}: akustische Leistung in W V: Volumen des Raumes in m^3 T: Nachhallzeit in s η: Lautsprecherwirkungsgrad liegt zwischen 1 % ÷ 20 % P_{el}: elektr. Lautsprecherleistung

Lautsprecher-Frequenzweichen

Bezeichnung	Formel	Erläuterung
6-dB-Frequenzweiche 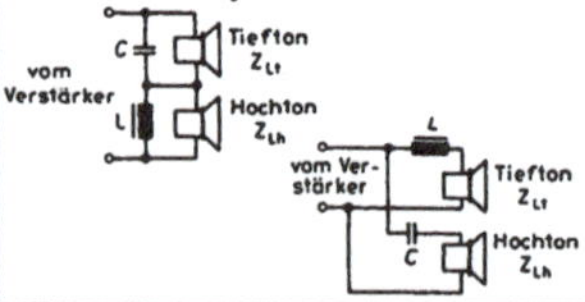	$X_L = X_C = Z_L$ $L = \dfrac{Z_L}{2\pi \cdot f_ü}$ $C = \dfrac{1}{2\pi \cdot f_ü \cdot Z_L}$	Z_L: Lautsprecherimpedanz Z_{Lt}: Tieftonlautsprecherimpedanz Z_{Lh}: Hochtonlautsprecherimpedanz $f_ü$: Trennfrequenz
12-dB-Frequenzweiche 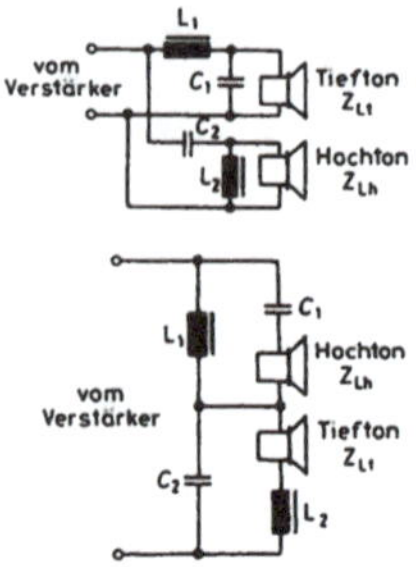	$L_1 = L_2 = L$ $C_1 = C_2 = C$ $L = \sqrt{2} \cdot \dfrac{Z_L}{2\pi \cdot f_ü}$ $C = \dfrac{1}{\sqrt{2} \cdot 2\pi \cdot f_ü \cdot Z_L}$ $L = \dfrac{Z_L}{\sqrt{2} \cdot 2\pi \cdot f_ü}$ $C = \sqrt{2} \cdot \dfrac{1}{2\pi \cdot f_ü \cdot Z_L}$	Z_L: Lautsprecherimpedanz $f_ü$: Trennfrequenz

Bezeichnung	Formel	Erläuterung
18-dB-Frequenzweiche bei Butterworth-Charakteristik 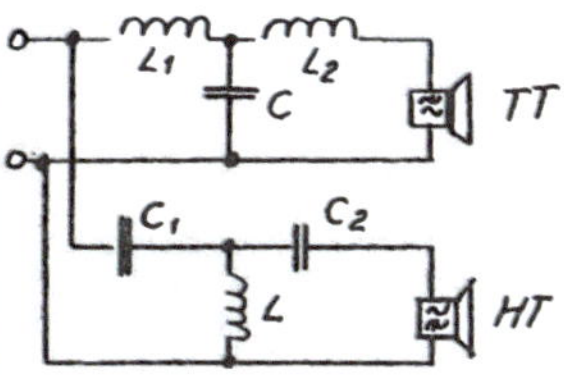	$L_1 = \frac{1{,}5 \cdot Z_L}{2\pi \cdot f_ü}$ $L_2 = \frac{0{,}5 \cdot Z_L}{2\pi \cdot f_ü}$ $L = \frac{Z_L}{1{,}3333 \cdot 2\pi \cdot f_ü}$ $C_1 = \frac{1}{1{,}5 \cdot 2\pi \cdot f_ü \cdot Z_L}$ $C_2 = \frac{1}{0{,}5 \cdot 2\pi \cdot f_ü \cdot Z_L}$ $C = \frac{1{,}3333}{2\pi \cdot f_ü \cdot Z_L}$	L_1, L_2, L: Induktivitäten C_1, C_2, C: Kapazitäten Z_L: Lautsprecherimpedanz $f_ü$: Trennfrequenz
100 V-Normausgang		
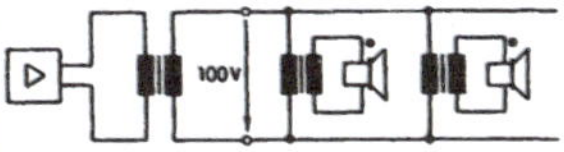	$ü = \frac{100\,V}{\sqrt{P_L \cdot Z_L}}$ $Z = \frac{(100\,V)^2}{P_L}$ $ü = \sqrt{\frac{Z}{Z_L}}$ $U_v = \frac{l}{\varkappa \cdot A} \cdot I$	$ü$: Übersetzungsverhältnis P_L: Lautsprecherleistung Z_L: Lautsprecherimpedanz U_v: Spannungsfall auf der Leitung l: Leitungslänge A: Leiterquerschnitt I: Strom $\varkappa$: Leitfähigkeit des Materials
Fernmeldetechnik		
Leitungen und Übertrager		
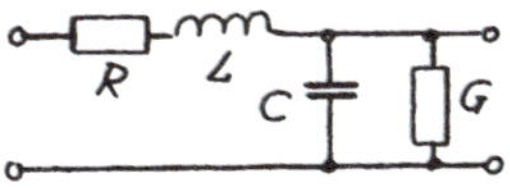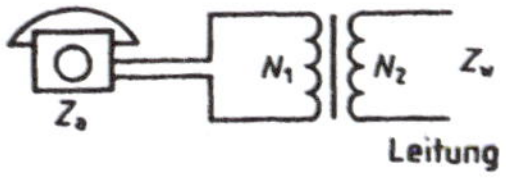	Für Sprachfrequenzbereich: $Z_w \approx \sqrt{\frac{R}{2\pi f C}}$ Für hohe Frequenz: $Z_w \approx \sqrt{\frac{L}{C}}$ Für reflexionsfreie Anpassung: $ü = \frac{N_1}{N_2} = \sqrt{\frac{Z_1}{Z_2}}$	Z_w: Wellenwiderstand der Leitung R: Widerstand f: Frequenz C: Kapazität L: Induktivität $ü$: Übersetzungsverhältnis N_1: Windungszahl eingangsseitig N_2: Windungszahl ausgangsseitig Z_1: Eingangsseitig angeschlossene Impedanz Z_2: Ausgangsseitig angeschlossene Impedanz

Bezeichnung	Formel	Erläuterung
	Messtechnik	
	Analoge Messtechnik	
absoluter Fehler	$F_A = X_A - X_S$	F_A: absoluter Fehler X_A: Istwert (angezeigter Messwert) X_S: Sollwert (wahrer Wert)
relativer Fehler	$F_R = \frac{X_A - X_S}{X_S} = \frac{F_A}{X_S}$	F: Anzeigefehler
relativer Fehler in Prozent	$F_{Rp} = \frac{X_A - X_S}{X_S} \cdot 100\,\%$	G: Genauigkeitsklasse B: Messbereichsendwert
Anzeigefehler	$F = \pm \frac{G \cdot B}{100}$ $p = \pm \frac{F \cdot 100}{A}$	p: prozentualer Fehler von A A: angezeigter Wert K_R: Kennwiderstand in Ω/V R_i: Innenwiderstand in Ω
Kennwiderstand	$K_R = \frac{R_i}{B}$	B: Messbereich in V P: Eigenverbrauch in W U: Messspannung in V I: Messstrom in A
Eigenverbrauch	$P = U \cdot I$	
	Digitale Messtechnik	
Auflösung	$A = \frac{B}{B_A}$	B: Messbereich B_A: Anzeigebereich
absoluter Fehler	$F_A = \pm (p \cdot X_A + n \cdot A)$ $X_A = X_S + F_A$	p: prozentualer Fehler X_A: Istwert (angezeigter Messwert) n: Zählerfehler in Digits X_S: Sollwert
relativer Fehler	$F_R = \frac{F_A}{X_S}$	
	Messbereichserweiterung	
Spannungsmesser 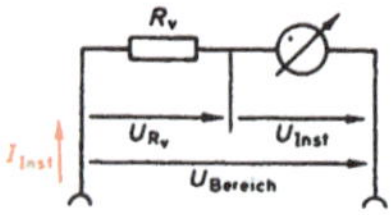	$R_v = \frac{U_{Bereich} - U_{Inst}}{I_{inst}}$ $R_v = (n-1) \cdot R_i$ $n = \frac{U_{Bereich}}{U_{inst}}$	U_{Inst}; I_{Inst}: Messwerkswerte bei Vollausschlag $U_{Bereich}$; $I_{Bereich}$: gewünschter Messbereich R_i: Innenwiderstand des Messwerkes n: Faktor der Messbereichserweiterung
Strommesser 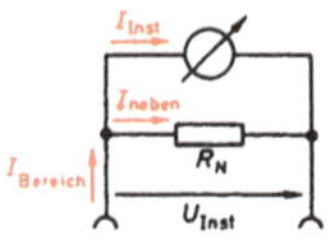	$R_N = \frac{U_{inst}}{I_{Bereich} - I_{Inst}}$ $R_N = \frac{R_i}{n-1}$ $n = \frac{I_{Bereich}}{I_{inst}}$	R_V: Vorwiderstand R_N: Nebenwiderstand

<table>
<tr><th>Bezeichnung</th><th>Formel</th><th>Erläuterung</th></tr>
<tr><th colspan="3">Messung von Widerständen, Kondensatoren und Spulen</th></tr>
<tr><td>Strom-Spannungsmethode
stromrichtige Messung
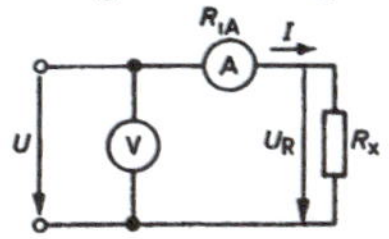

spannungsrichtige Messung
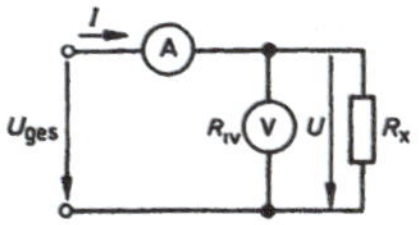
</td>
<td>$R_x = \frac{U_R}{I} = \frac{U}{I} - R_{iA}$

$R_x = \frac{U}{I - U/R_{iV}}$</td>
<td>R_x: unbekannter Widerstand
U_R: Spannung an R_x
I: gemessener Strom
U: gemessene Spannung
R_{iA}: Innenwiderstand des Strommessers
R_{iV}: Innenwiderstand des Spannungsmessers</td></tr>
<tr><td>Widerstandsmessung
Meßbrücke
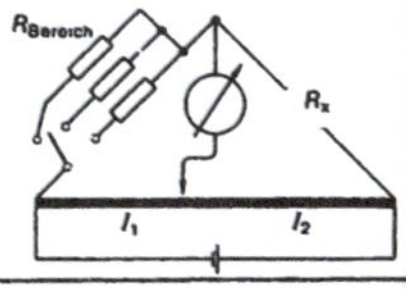
</td>
<td>$R_x = R_{Bereich} \frac{R_1}{R_2}$

$R_x = R_{Bereich} \frac{l_2}{l_1}$</td>
<td>R_x: unbekannter Widerstand
$R_{Bereich}$: Bereichswiderstand
R_1, R_2: Schleifdrahtwiderstände
l_1, l_2: Schleifdrahtlängen in m</td></tr>
<tr><td>Kapazitätsmessung
Spannungsvergleich
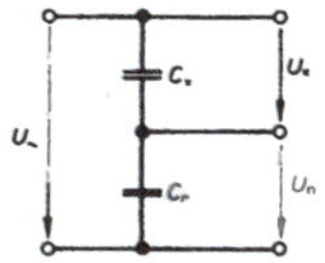

Blindwiderstandsmessung
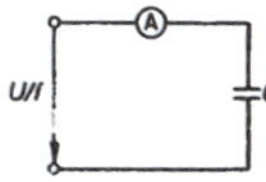

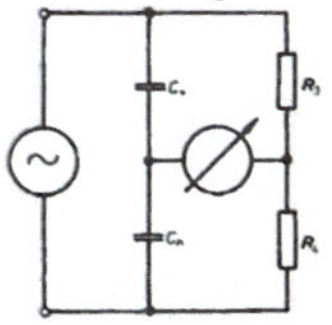

Meßbrücke</td>
<td>$C_x = C_n \frac{U_n}{U_x}$

$C_x = \frac{I}{2\pi \cdot f \cdot U}$

$C_x = C_n \frac{R_4}{R_3}$</td>
<td>C_x: unbekannter Kondensator
C_n: Vergleichskondensator
U_n: Vergleichsspannung
U_x: Spannung am unbekannten Kondensator
I: Meßstrom
U: Meßspannung
f: Meßfrequenz</td></tr>
<tr><td>Induktivitätsmessung
Blindwiderstandsmessung
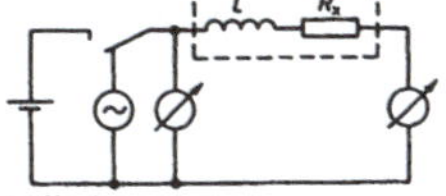

Meßbrücke
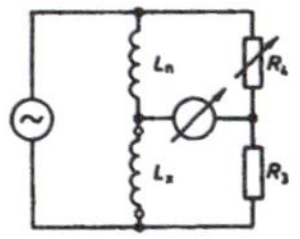
</td>
<td>$R_x = \frac{U_{Gleich}}{I_{Gleich}}$

$Z = \frac{U\sim}{I\sim}$

$L = \frac{\sqrt{Z^2 - R_x^2}}{2\pi \cdot f}$

$L_x = L_n \frac{R_3}{R_4}$</td>
<td>R_x: Reihenverlustwiderstand
U_{Gleich}: Meßgleichspannung
I_{Gleich}: Meßgleichstrom
$U\sim$: Meßwechselspannung
$I\sim$: Meßwechselstrom
Z: Scheinwiderstand
L: Induktivität
f: Meßfrequenz</td></tr>
</table>

Bezeichnung	Formel	Erläuterung
Messung von Leistung und elektr. Arbeit		
elektr. Arbeit 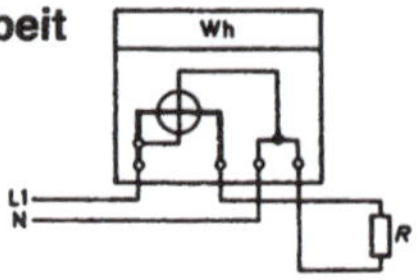	$W = U \cdot I \cdot t$ $W = \dfrac{n}{C_z}$	W: elektrische Arbeit n: Umdrehungen der Zählerscheibe C_Z: Zählerkonstante in 1/kWh
Leistung **Strom-Spannungsmethode** stromrichtige Messmethode 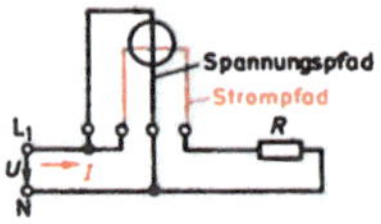 spannungsrichtige Messmethode 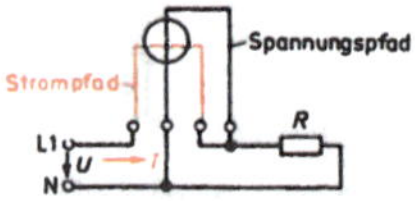	$P = \dfrac{n}{t \cdot C_z}$ $P = P_L - I^2 \cdot r_A$ $P = P_L - \dfrac{U^2}{r_V}$	P: elektrische Leistung n: Umdrehungen der Zählerscheibe t: Zeit C_Z: Zählerkonstante in 1/kWh P: tatsächliche Leistung P_L: gemessene Leistung I: gemessener Strom r_A: Innenwiderstand des Strompfades U: gemessene Spannung r_V: Innenwiderstand des Spannungspfades
Messung in elektrischen Anlagen		
Abschaltstrom Leitungsschutzschalter Typ B Typ gL bis $I_N = 10$ A **Schleifenimpedanz** **Erdungswiderstand**	$I_a = 5 \cdot I_N$ $I_a = 10 \cdot I_N$ $I_a \leq \dfrac{U_0}{Z_S}$ $Z_S = \dfrac{U_0 - U}{I}$ $R_A \leq \dfrac{U_0}{I_a} = \dfrac{U}{I} \leq \dfrac{U_L}{I_{\Delta N}}$	I_a: Abschaltstrom in A I_N: Nennstromstärke in A U_0: Nennspannung in V U: Spannung bei Belastung in V I: Belastungsstrom in A Z_S: Schleifenimpedanz in Ω R_A: Erdungswiderstand in Ω U_L: höchstzul. Berührungsspannung $I_{\Delta N}$: Nennfehlerstrom in A
Oszilloskopen-Messtechnik		
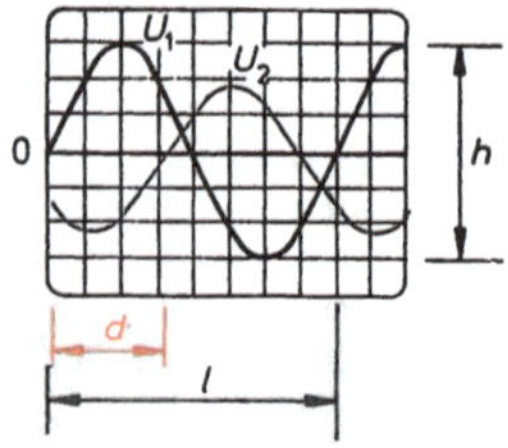	**Amplitude** $U_{ss} = y \cdot h$ **Frequenz** $T = x \cdot l;\ f = \dfrac{1}{T}$ **Phasenverschiebung** $\varphi = \dfrac{360° \cdot d}{l}$	y: Ablenkfaktor in Y-Richtung in V/Div h: Signalhöhe in Div x: Ablenkfaktor in X-Richtung in s/Div l: Schwingungslänge in s T: Schwingungsdauer in s f: Frequenz in Hz φ: Phasenverschiebungswinkel in ° d: Differenz in Div

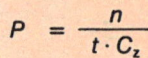

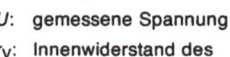

Bezeichnung	Formel	Erläuterung
Periodendauer-Messung		
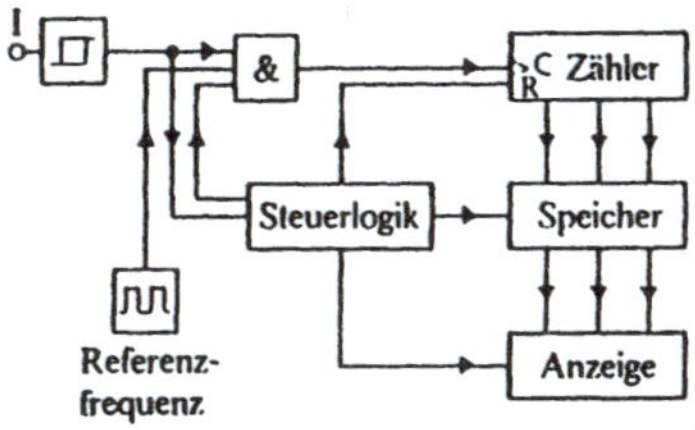	$T_1 = \frac{1}{f_1}$ $T_{Ref} = \frac{1}{f_{Ref}}$ $n = \frac{T_1}{T_{Ref}}$	f_1: Eingangsfrequenz T_1: Eingangsschwingungsdauer f_{Ref}: Referenzfrequenz T_{Ref}: Referenzschwingungsdauer n: Anzahl der angezeigten Impulse
Frequenzmessung		
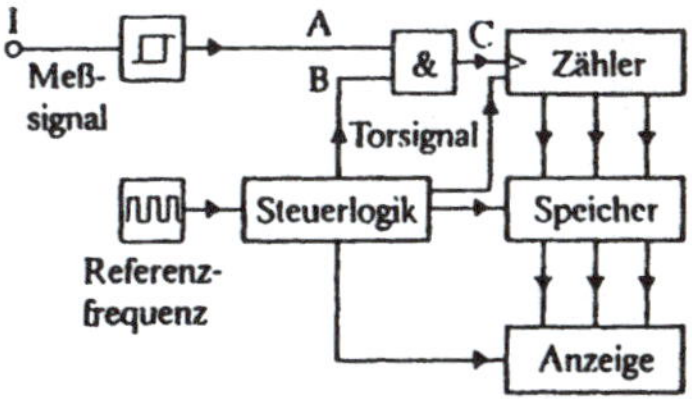	$n = f_1 \cdot t_{Tor}$	n: Anzahl der angezeigten Impulse f_1: Eingangsfrequenz t_{Tor}: Torzeit
Multiplexer-Anzeige		
	$n = \frac{f_{Mult}}{a}$ $t_{ein} = \frac{T}{a}$	n: Impulszahl f_{Mult}: Multiplexfrequenz a: Anzahl der angesteuerten Anzeigen t_{ein}: Einschaltdauer T: Zeitdauer
Fehlerortbestimmung auf Leitungen		
Messschaltung I 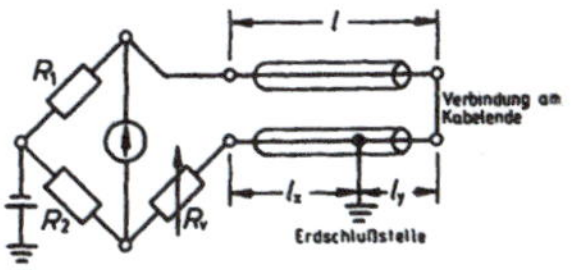 **Messschaltung II** 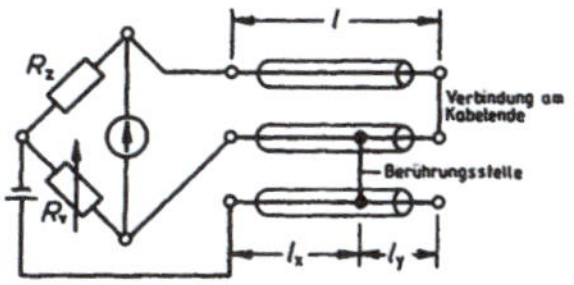	$l_x = l \cdot \frac{R - R_v}{R}$ $l_y = l \cdot \frac{R_v}{R}$ $l_x = 2\,l \cdot \frac{R_v}{R_z + R_v}$ $l_y = l \cdot \frac{R_z - R_v}{R_z + R_v}$	l: Gesamtlänge der fehlerhaften Ader in m oder km l_y, l_x: Entfernung bis zur Fehlerstelle in m oder km R: Schleifenwiderstand von einem fehlerlosen Adernpaar in Ω R_v: Brückenabgleichwiderstand in Ω R_z: fester Zusatzwiderstand in der Meßbrücke in Ω

Anhang

Griechisches Alphabet

Benennung	Großbuchstabe	Kleinbuchstabe	Benennung	Großbuchstabe	Kleinbuchstabe
Alpha	Α	α	Ny	Ν	ν
Beta	Β	β	Xi	Ξ	ξ
Gamma	Γ	γ	Omikron	Ο	ο
Delta	Δ	δ	Pi	Π	π
Epsilon	Ε	ε	Rho	Ρ	ρ
Zeta	Ζ	ζ	Sigma	Σ	σ ς
Eta	Η	η	Tau	Τ	τ
Theta	Θ	ϑ	Ypsilon	Υ	υ
Jota	Ι	ι	Phi	Φ	φ
Kappa	Κ	ϰ	Chi	Χ	χ
Lambda	Λ	λ	Psi	Ψ	ψ
My	Μ	μ	Omega	Ω	ω

Einige wichtige Konstanten

	Symbol	Zahlenwerte
Boltzmann-Konstante	k	$1{,}38 \cdot 10^{-23}$ Ws/K
Lichtgeschwindigkeit	c_0	$2{,}998 \cdot 10^{8}$ m/s
abs. Dielektrizitätskonstante	ϵ_0	$8{,}859 \cdot 10^{-12}$ As/Vm
Permeabilität des Vakuums	μ_0	$1{,}257 \cdot 10^{-6}$ Vs/Am
Elektronenladung	e	$1{,}602 \cdot 10^{-19}$ As
Ruhemasse des Elektrons	m_0	$9{,}106 \cdot 10^{-28}$ g
Ruhemasse des Protons	M_0	$1{,}672 \cdot 10^{-24}$ g
Erdbeschleunigung	g	9,81 m/s²

Gesetzliche Einheiten

SI-Basiseinheiten

Basisgröße	Formelzeichen	SI-Basiseinheit	Einheitenkurzzeichen
Länge	l	Meter	m
Masse	m	Kilogramm	kg
Zeit	t	Sekunde	s
elektrische Stromstärke	I	Ampere	A
thermodynamische Temperatur	T	Kelvin	K
Stoffmenge	n	Mol	mol
Lichtstärke	I	Candela	cd

Abgeleitete MKSA-Einheiten aus der Elektrotechnik				
Größe	Formelzeichen	Einheit	Einheitenkurzzeichen	Beziehung zur Grundeinheit
Spannung	U	Volt	V	$1\,V = 1\,\frac{m^2 \cdot kg}{A \cdot s^3} = 1\,\frac{Nm}{As}$
Widerstand	R	Ohm	Ω	$1\,\Omega = 1\,V/A$
Leitwert	G	Siemens	S	$1\,S = 1\,A/V = 1/\Omega$
Leistung	P	Watt	W	$1\,W = 1\,VA = 1\,Nm/s$
Arbeit	W	Wattsekunde	Ws	$1\,Ws = 1\,V \cdot As = 1\,Nm$
elektr. Ladung	Q	Coulomb	C	$1\,C = 1\,A \cdot s$
Kapazität	C	Farad	F	$1\,F = 1\,\frac{A \cdot s}{V}$
Induktivität	L	Henry	H	$1\,H = 1\,\frac{V \cdot s}{A}$
magn. Flußdichte	B	Tesla	T	$1\,T = 1\,\frac{V \cdot s}{m^2}$
magn. Fluß	Φ	Weber	Wb	$1\,Wb = 1\,V \cdot s$
Frequenz	f	Hertz	Hz	$1\,Hz = 1/s$
Geschwindigkeit	v	Meter durch Sekunde	m/s	
Winkelgeschwindigkeit	ω	Radiant durch Sekunde	rad/s	
Beschleunigung	a	Meter durch Sekundequadrat	m/s^2	
Kraft	F	Newton	N	$1\,N = 1\,kg \cdot m/s^2$
Druck	P	Pascal	Pa	$1\,Pa = 1\,N/m^2$
		Bar	bar	$1\,bar = 10^5\,N/m^2$
Arbeit	W	Joule	J	$1\,J = 1\,Nm = 1\,\frac{m^2 \cdot kg}{s^2}$ $1\,J = 1\,W \cdot s$
Leistung	P	Watt	W	$1\,W = 1\,\frac{Nm}{s} = 1\,\frac{m^2 \cdot kg}{s^3}$

Mathematische Zeichen (DIN 1302/8.80)

Gleichungen

Zeichen	Bedeutung	Beispiel
$=$	gleich	$x = a$
$\neq$	ungleich, nicht gleich	$x \neq b$
$>$	größer als	$x > c$
$\gg$	groß gegen	$x \gg d$
$<$	kleiner als	$x < e$
$\ll$	klein gegen	$x \ll f$
$\geqq$	größer oder gleich, mindestens gleich	$x \geqq g$
$\leqq$	kleiner oder gleich, höchstens gleich	$x \leqq h$
$\triangleq$	entspricht	$1\ \text{cm} \triangleq 5\ \text{N}$
$\sim$	proportional	$U \sim R$
$\approx$	angenähert gleich, etwa, rund	$2{,}98 \approx 3$

Rechenoperationen

Zeichen	Bedeutung	Beispiel
$+$	plus	$x + a$
$-$	minus	$x - a$
$\cdot$ (x)	mal [bei Taschenrechnern ⊠]	$x \cdot a$ oder xa
—/:	durch, geteilt durch [bei Taschenrechnern ⊟]	$\frac{x}{a}$ oder x/a oder $x : a$
%	Prozent, vom Hundert	$5\,\% = \frac{5}{100} = 5 \cdot 10^{-2}$
‰	Promille, vom Tausend	$3\,‰ = \frac{3}{1000} = 3 \cdot 10^{-3}$
( ); [ ]; { }	runde, eckige, geschweifte Klammern	$\{b - [a\,(x - y)]\}$
Σ	Summe Summe über x; von i gleich 1 bis n $\sum_{i=1}^{n} x_i = x_1 + x_2 + \ldots + x_n$	$\sum_{i=1}^{n} x_i$
π	Produkt 1 bis n Produkt über x; von i gleich 1 bis n $\underset{i=1}{\overset{n}{\pi}} x_i = x_1 \cdot x_2 \cdot \ldots \cdot x_n$	$\underset{i=1}{\overset{n}{\pi}} x_i$
Δ	Differenz	$\Delta R = R_1 - R_2$
$\lvert a \rvert$	Betrag von a	$\lvert 3 \rvert = 3$; $\lvert -5 \rvert = 5$
$n!$	n Fakultät	$n! = 1 \cdot 2 \cdot 3 \cdot \ldots \cdot n$ $4! = 24$
a^x	allgemeine Exponentialfunktion	a^b (a hoch b)
e^x	Exponentialfunktion	$e^x = \exp x$
$\sqrt{\ }$	Quadratwurzel	$\sqrt{9} = 3$
$\sqrt[n]{\ }$	n-te Wurzel aus	$\sqrt[4]{16} = 2$

Logarithmen

Zeichen	Bedeutung	Beispiel
log	allgemeiner Logarithmus	
$\log_a$	Logarithmus zur Basis a	$\log_3 81 = 4$
lg	Zehnerlogarithmus (dekadischer Logarithmus)	$\lg x = \log_{10} x$ $\lg 2 = 0{,}30103\ldots$
ln	natürlicher Logarithmus	$\ln x = \log_e x$ $\ln 2 = 0{,}693\ldots$
lb	Zweierlogarithmus	$\text{lb}\, x = \log_2 x$ $\text{lb}\, 8 = 3$

Geometrie

Zeichen	Bedeutung	Beispiel
$\parallel$	parallel	$g \parallel b$
$\perp$	rechtwinkelig zu; senkrecht auf	$a \perp b$
∢	Winkel	∢ (a, b)
$\overline{PA}$	Strecke PA	$\overline{PA}$
$\triangle$	Dreieck	$\triangle\,(ABC)$
⊙	Kreis	⊙ (P, r)
$\cong$	Kongruent (deckungsgleich)	$\triangle ABC \cong \triangle EFG$

Logik, Schaltalgebra

Zeichen	Bedeutung	Beispiel
$-A$; $\overline{A}$	Negation NICHT A (not A)	$\overline{A \wedge B} = \overline{A} \vee \overline{B}$
$\wedge$	Konjunktion, UND (AND)	$A \wedge B$
$\vee$	Disjunktion, ODER (OR)	$A \vee B$
$\overline{\wedge}$	NICHT UND (NAND)	$A \mathbin{\overline{\wedge}} B = \overline{A \wedge B}$
$\overline{\vee}$	NICHT ODER (NOR)	$A \mathbin{\overline{\vee}} B = \overline{A \vee B}$

Mengenlehre

Zeichen	Bedeutung	Beispiel
$\in$	Element von	$a \in M$; a ist Element von M
$\notin$	kein Element von	$4 \notin \{1,2,3\}$, $a \notin M = -\, a \in M$
$\subset$	Teilmenge	$M_1 \subset M_2$
$\cup$	Vereinigungsmenge	$\{1,2\} \cup \{3,4\} = \{1,2,3,4\}$
$\cap$	Schnittmenge, Durchschnitt	$\{1,2,3\} \cap \{2,3,4,5\} = \{2,3\}$
$\setminus$	Differenzmenge	$a \setminus b$: a ohne b
$\Rightarrow$	daraus folgt	$a \cdot b = c \Rightarrow a = c/b$

Werkstoffwerte								
Werkstoff	Symbol	Dichte ρ in $\frac{kg}{dm^3}$	Leitfähigkeit κ_{20} in $\frac{m}{\Omega \cdot mm^2}$ (bei 20 °C)	Temperaturbeiwert α in 1/K	spezifische Wärmekapazität c in $\frac{kJ}{kg \cdot K}$	elektrolytische Spannung gegen Wasserstoff in V	elektrochemisches Äquivalent a in mg/As	Schmelzpunkt ϑ in °C
Aluminium (n. VDE)	Al	2,7	35	$3{,}9 \cdot 10^{-3}$	0,89	−1,28	$9{,}34 \cdot 10^{-2}$	660
Blei	Pb	11,3	5	$3{,}7 \cdot 10^{-3}$	0,13	−0,13	1,07	327
Chrom	Cr	7,1	6,2	$4 \cdot 10^{-3}$	0,46	−0,56	0,178	1920
Eisen	Fe	7,8	10	$4{,}8 \cdot 10^{-3}$	0,48	−0,44	0,279	1530
Gold	Au	19,3	45	$3{,}5 \cdot 10^{-3}$	0,13	+ 1,38	0,681	1063
Graphit- u. Retortenkohle	C	1,2÷1,9	0,16÷0,012	$-3 \cdot 10^{-4}$	1,0	+ 0,74	–	≈3900
Kobalt	Co	8,8	14,3	–	0,43	−0,29	0,204	1490
Kupfer (nach VDE)	Cu	8,9	56	$3{,}9 \cdot 10^{-3}$	0,385	+ 0,35	0,329	1083
Magnesium	Mg	1,7	22,1	$3{,}8 \cdot 10^{-3}$	1,02	−1,55	0,125	650
Nickel	Ni	8,8	14,3	$4{,}2 \cdot 10^{-3}$	0,45	−0,25	0,304	1452
Platin	Pt	21,5	9,5	$2{,}3 \cdot 10^{-3}$	0,13	+ 0,87	0,506	1770
Quecksilber	Hg	13,6	1,04	$9 \cdot 10^{-4}$	0,14	+ 0,86	1,03	− 38,9
Silber	Ag	10,5	62,5	$3{,}8 \cdot 10^{-3}$	0,24	+ 0,8	1,118	960
Stahl	St	7,85	7	$5{,}2 \cdot 10^{-3}$	0,48	–	–	≈ 1400
Zink	Zn	7,2	16,5	$3{,}9 \cdot 10^{-3}$	0,42	−0,76	0,339	419
Zinn	Sn	7,3	8,3	$4{,}5 \cdot 10^{-3}$	0,23	−0,15	0,309	230
Selen, metallisch	Se	4,8	$\approx 1 \cdot 10^{-11}$	–	0,377	–	–	220
Silizium	Si	2,33	$\approx 1 \cdot 10^{-15}$	$4{,}2 \cdot 10^{-6}$	0,71	–	–	1420
Germanium	Ge	5,35	$\approx 1 \cdot 10^{-15}$	$6{,}1 \cdot 10^{-6}$	0,305	–	–	940
Wasser	H_2O	1	–	–	4,1868	≈ 0	0,01045	0
Aldrey (nach VDE)	–	2,7	30	$3{,}6 \cdot 10^{-3}$	–	–	–	650
Bronzedraht II (n. VDE)	Bz	8,6	36	$4 \cdot 10^{-3}$	0,355	–	–	≈ 900
Hydronalium	–	2,6	12–20	$\sim 3 \cdot 10^{-3}$	–	–	–	–
Elektron (über 90 % Mg)	–	1,8	16	$2{,}2 \cdot 10^{-3}$	1,0	–	–	–
Messing	Ms	8,3÷8,6	12÷15,6	$1{,}5 \cdot 10^{-3}$	0,388	–	–	≈ 900
Chromnickel, eisenfrei	WM 100	8,39	0,91	$9 \cdot 10^{-5}$	0,46	–	–	≈ 1400
Chromnickel, mit Eisen	WM 100	8,27	0,92	$1{,}1 \cdot 10^{-4}$	0,46	–	–	≈ 1390
Konstantan	WM 50	8,89	2	$-3 \cdot 10^{-5}$	0,41	–	–	1270
Manganin	WM 43	8,45	2,32	$\pm 1 \cdot 10^{-5}$	0,405	–	–	960
Nickelin	WM 43	8,8	2,5	$2{,}3 \cdot 10^{-3}$	0,40	–	–	1180
Neusilber	WM 30	8,71	2,7	$7 \cdot 10^{-3}$	0,40	–	–	1120

Stichwortverzeichnis

Abfallzeit 9
Abschaltstrom 88
Abschnürspannung 40
Absoluter Fehler 86
Absoluter Pegel 76
Absoluter Schalldruckpegel 84
Addierer 52
Addition 67
Aiken-Code 73
Akustische Leistung 76
Amplitude 87
Amplitudenbedingung 65
Amplitudenmodulation 78
Anstiegszeit 9, 56
Antennenanlage 82
Antennengewinn 82
Antennenspannung 82
Antennentechnik 82
Antennenverstärker 82
Anzeigefehler 86
Apertur 75
Arbeit 8, 10
Arbeitspunkteinstellung 37, 41
Assoziativgesetz 70
Astabile Kippstufe 58
Asynchronzähler 73
Aufladung 15
Augenblickswert 9
Ausbreitungsgeschwindigkeit 76
Ausgangsfrequenz 73
Ausgangspegel 83
Ausgangswiderstand 37, 48, 51
Ausgangswiderstand, FET 40, 41
Ausgangswiderstand, Op 51, 52
Ausgangswiderstand, Trs. 39
Ausgangswindungszahl 28

B2U-Schaltung 32, 54
B6U-Schaltung 54
Bandbreite 24, 75
Bandfilter 79
Bandpass 26
Bandsperre 26
Basisschaltung 40
Basisspannungsteiler 38
Basisvorwiderstand 37, 50, 59
BCD-Codes 73
Bedämpfung 80
Bereichseinengung 79
Beschleunigung 7
Betriebsreststrom 15
Bewegung 7
Bewegungsenergie 8
Bipolarer Transistor 37
Bistabile Kippstufe 60, 72
Bitfehlerhäufigkeit 74
Bitrate 74, 75
BK-Anlage 83
Blindleistung, induktive 20, 21
Blindleistung, kapazitive 16, 21
Blindleistung, Kompensation 30
Blindwiderstand, induktiver 20
Blindwiderstand, kapazitiver 16
Blindwiderstandsmessung 87
Blockfehlerhäufigkeit 74
Brückenschaltung 12, 32
Brummfrequenz 31, 32
Brummspannung 31, 32
Brummspannungssiebung 33

CMOS-Technik 57
Codes 73
CR-Glied 26

D-Kippstufe 72
Dämpfung 76, 77
Dämpfungsglieder 77
Dämpfungsmaß 76
Darlington-Verstärker 49
Datenübertragung 74
De Morgansches Gesetz 70
Demodulator 80
Dezimalsystem 67
Dielektrikum 15
Dielektrizitätskonstante 14
Differenzierer 53
Differenzierglied 27
Differenzverstärker 50, 52
Digitale Messtechnik 86
Digitrate 74
Diode 31
Diodenkennwerte 31
Diodenschalter 33
Diodensperrspannung 31, 32
Diodenverlustleistung 33
Disjunktion 70
Dispersion 75
Distributivgesetz 70
Division 67
Drahtdurchmesser 28
Drainschaltung 42
Drehbewegung 7
Drehmoment 8
Dreieck 5, 6, 10
Dreieckschaltung 12, 29
Dreiphasiger Wechselstrom 29
Dualsystem 67
Dualzahl 67
Durchflutung 18
Durchlasswiderstand 31, 56

Effektivwert 9
Eigenverbrauch 86
Eingangswiderstand 48
Eingangswiderstand, FET 40, 41
Eingangswiderstand, Op 51, 52
Eingangswiderstand, Trs. 38
Eingangswindungszahl 28
Einphasiger Wechselstrom 29
Einstufiger Verstärker 46
Einwegschaltung 31
Eisenkernquerschnitt 28
Elektrische Arbeit 10
Elektrisches Feld 14
Elektroakustik 84
Elektrolyse 14
Elektrolytkondensator 15
Elektronischer Schalter 56
Elementvorrat 73
Ellipse 6
Emitterschaltung 38
Endstufe, Nf- 48
Endstufe, Video- 81
Energie 8
Energie, elektrische 14
Energie, kinetische 8
Energie, magnetische 18
Energie, potentielle 8
Entladung 16
Erdbeschleunigung 8
Erdungswiderstand 88
Exklusiv-ODER 70

Fall, freier 7
Fan In 57
Fan Out 57
Farbartsignal 81
Farbdifferenzsignal 81
Farbfernsehtechnik 81
Farbwinkel 81
Fehler, absoluter 86
Fehler, relativer 86
Fehlerortbestimmung 89
Feld, elektrisches 14, 77
Feld, magnetisches 18
Feldeffekttransistor 40
Feldkonstante, magnetische 18
Feldstärke, elektrische 14
Feldstärke, magnetische 18
Fernsehkanal 81
Fernsehtechnik 81
FET-Grundschaltungen 41
Flächenberechnung 6
Flip-Flop 60, 72
Fluss, magnetischer 18
Flussdichte, magnetische 18
Formfaktor 54
Fotowiderstand 36
Freiraumfeldstärke 77
Frequenz 9, 88
Frequenzabh. Gegenkopplung 53
Frequenzglieder 26
Fehlerhäufigkeit 74
Frequenzhub 78
Frequenzmessung 89
Frequenzmodulation 78
Frequenzweiche 84
Funktion, trigonometrische 5
Funktionsgenerator 66

Gateschaltung 42
Gegenkopplung 49, 53
Generator, Funktions- 66
Generator, LC- 65
Generator, RC- 65
Generator, Rechteck- 62
Generator, Sägezahn- 64
Generator, Sinus- 65
Generator, Wien-Brücken- 65
Gesamtdämpfung 82
Geschwindigkeit 7, 74
Gesetz, Kirchhoffsches 11
Gesetz, ohmsches 10
Gesetzliche Einheiten 90
Gesteuerter Gleichrichter 54
Gewichtskraft 8
Glättungsfaktor 43
Gleichrichter, Brücken- 32
Gleichrichter, Einweg- 31
Gleichrichter, gesteuerter 54
Gleichrichter, Mittelpunkt- 31
Gleichrichter, Video- 81
Gleichrichterschaltungen 31
Gleichrichtfaktor 54
Gleichspannung 19
Gleichspannungsverstärker 49
Gleichstromverstärkung 37
Gleichtaktunterdrückung 50, 51
Gleichtaktverstärkung 50, 51
Grenzfrequenz 26, 46, 47, 53
Griechisches Alphabet 90
Grundfunktionen, logische 68, 70
Grundgrößen 90, 91
Grundgrößen, lichttechnische 36

Grundschaltungen, FET- 41
Grundschaltungen, Op- 51
Grundschaltungen, Transistor- 38
Güte 16, 20, 25

Hallgenerator 35
H-Parameter 37
Heißleiter 35
Hexadezimalsystem 67
HF-Siebung 80
HF-Verstärker 80
Hochpass 26
Hysteresespannung 61

Identität 70
Implikation 70
Impulsdauer 9, 56, 58, 59
Impulsformerglied 27
Impulspause 9, 56, 58, 59
Impulsversteilerungs-kondensator 60
Induktion 19
Induktive Blindleistung 20
Induktiver Blindwiderstand 20
Induktivität 19
Induktivitätsmessung 87
Inhibition 70
Innenwiderstand 13, 43
Integrierer 52
Integrierglied 27
Interface-Schaltung 57
Invertierender Verstärker 51

Jk-Kippstufen 72

Kaltleiter 35
Kaltwiderstand 10
Kapazität 14
Kapazitätsdiode 34
Kapazitätsmessung 87
Kaskadenschaltung 32
Kathete 5
Kegel 7
Kennwerte 37, 40, 43, 51
Kennwerte, FET- 40
Kennwerte, Netzgeräte- 43
Kennwerte, Op- 51
Kennwerte, Thyristor 54
Kennwerte, Transistor- 37
Kennwiderstand 86
Kippschaltung 58
Kippstufe, astabile 58
Kippstufe, bistabile 60
Kippstufe, monostabile 59
Kippstufe, nachtriggerbare 60
Kippstufen, bistabile 72
Klemmenspannung 13
Klirrfaktor 49
Kniespannung 40
Knotenregel 11
Kollektorschaltung 39
Kollektorwiderstand 38, 46, 50
Kommutativgesetz 70
Kompensation 30
Kondensator 14, 16
Kondensatorschaltungen 17
Kondensatorverluste 16
Konjunktion 70
Konstanten 91
Konstantspannungsquelle 44
Konstantstromquelle 44
Konstantstromquelle mit Op 45
Körper, parallele 7
Körper, spitze 7
Körperberechnung 7
Kosinus 7
Kraft 8, 14
Kraft, Ladung 14
Kräfteaddition 8
Kraftwirkung, magnetische 18
Kreis 6
Kreisfrequenz 9
Kreisring 6
Kugel 7
Kühlkörper 30
Kurzschluß 13
Kurzschlußeingangswiderstand 37
Kurzschlußstromverstärkung 37
KV-Tafel 71

Ladungswirkungsgrad 13
Ladung 14
Ladungsmenge 14
Längenberechnung 5
Lautsprecher-Frequenzweiche 84
Lautstärke 84
LC-Bandpaß 26
LC-Bandsperre 26
LC-Generator 65
LC-Siebung 33,80
LED 36
Leerlauf 13
Leerlaufausgangsleitwert 37
Leerlaufspannung 31, 32
Langzeitausfallrate 43
Lastfaktor 57
Leerlaufspgsrückwirkung 37
Leerlaufverstärkung 51
Leistung 8, 10, 55, 88
Leistung, Wechselstrom 29
Leistung, akustische 84
Leistungsanpassung 13
Leistungselektronik 54
Leistungsfaktor 21, 29
Leistungsmessung 88
Leistungspegel 75, 76
Leistungsverstärker 48
Leistungsverstärkung 39, 40
Leitungen 85
Leitungsdigitrate 74
Leitungslänge 5, 10, 76
Leitungsschutzschalter 88
Leitungswiderstand 10
Leitwert 10
Leuchtdichtesignal 81
Lichttechnische Größen 36
Logische Grundfunktionen 68
Logische Schaltungen 68
LR-Glied 26
Luftspalt 18
Lumineszenzdiode 36

M1U-Schaltung 31, 54
M2U-Schaltung 31, 54
M3U-Schaltung 54
Magnetabhängiger Widerstand 35
Magnetische Flußdichte 18
Magnetische Kraftwirkung 18
Magnetischer Widerstand 18
Magnetisches Feld 18
Magnetisches Feldstärke 18
Maschenregel 11
Masse 7
Massenberechnung 5, 7
Mathematische Zeichen 92
Mechanik 7
Mehrplattenkondensator 14
Mehrschichtbauelemente 54
Mehrstufige Verstärker 47
Messbereichserweiterung 86
Messbrücke 87
Messfehler 86
Messmethoden 86
Messtechnik 86
Messung, elektrische Arbeit 88
Messung, Leistung 88
Messung, spannungsrichtig 87
Messung, stromrichtig 87
Mischspannung 54
Mischstrom 54
Mischung 79
Mittelpunktschaltung 31
Mittelwert 9
MKSA-Einheiten 91
Modem-Übertragung 75
Modulation, Amplituden- 78
Modulation, Frequenz- 78
Modulation, PAM- 78
Modulation, PCM- 78
Monostabile Kippstufe 59
Multiplexer-Anzeige 89
Multiplexübertragung 74
Multiplikation 67

NAND 68, 69, 70
Netzgeräte 43
Netzgerät, spgstabilisiert 44
Netzgerät, stromstabilisiert 44
Netztransformator 28
Neutralisation 80
NICHT 68, 69, 70
Nichtinvertierender Verstärker 52
Nichtlinearer Widerstand 35
NOR 68, 69, 70
Normausgang 85
Negation 70
NTC-Widerstand 35
numerische Apertur 75
Nutzbit 74

ODER 68, 69, 70
Operationsverstärker 51
Optische Sicht 77
Optoelektronik 36
Optokoppler 36
Oszillator 65
Oszilloskopen-Messtechnik 88

PAM 78
Parallelgleichrichter 80
Parallelogramm 6
Parallelschaltung, Kondensator 17
Parallelschaltung, RC 22
Parallelschaltung, RL 23
Parallelschaltung, RLC 23
Parallelschaltung, Spgquellen 13
Parallelschaltung, Spulen 20
Parallelschaltung, Widerstand 11
Parallelschwingkreis 25
Passive Vierpole 26
Pausendauer 9, 56
PCM 78
Pegel, absoluter 76
Pegel, relativer 76
Pegelabsenkung 83
Pegelrechnung 82, 83
Periodendauer 9
Periodendauermessung 89
Phasenanschnittsteuerung 55
Phasenbedingung 65
Phasenschiebergenerator 65
π-Glied, symmetrisch 77

π-Glied, unsymmetrisch 77
Plattenkondensator 14
Prisma 7
PTC-Widerstand 35
Pulsamplitudenmodulation 78
Pulscodemodulation 78
Pulsmodulation 78
Pulszahl 54
Pyramide 7
Pythagoras 5

Quadrat 6

Radio- u. Fernsehtechnik 78
Radiohorizont 77
Raffungsfaktor 43
Rahmen-Bits 74
Rauschabstandsmaß 83
Rauschen 78
Rauschleistung 79
Rauschmaß 83
Rauschspannung 78, 83
RC-Bandpass 26
RC-Glied 26
RC-Schaltung 21, 22
RC-Siebung 33, 80
Rechteckimpuls 9
Rechenregeln 67, 70
Rechnen mit Dualzahlen 67
Rechteck 6, 9
Rechteckgenerator 62
Rechtwinkliges Dreieck 5
Redundanz 73
Reichweite 77
Reihengleichrichter 80
Reihenschaltung, Kondensator 17
Reihenschaltung, RC- 21
Reihenschaltung, RL- 21
Reihenschaltung, RLC- 22
Reihenschaltung, Spgquellen 13
Reihenschaltung, Spulen 20
Reihenschaltung, Widerstände 11
Reihenschwingkreis 25
Relativer Fehler 86
Relativer Pegel 76
Resonanzfrequenz 24
Resonanzwiderstand 25
Richtantenne 82
RL-Glied 26
RL-Schaltung 21, 23
RLC-Schaltung 22, 23
RS-Kippstufe 72
Ruheenergie 8
Rundspule 5
RZ-Siebung 33

Sägezahn 9
Sägezahngenerator 64
Schalldruck 84
Schalldruckpegel 84
Schallgrößen 84
Schaltalgebra 70
Schalter, CMOS-Baustein- 57
Schalter, elektronischer 56, 57
Schalter, Transistor- 56
Schalter, TTL-Baustein- 57
Schaltnetzgerät 45
Schaltzeiten 56
Scheinleistung 21, 29
Scheinwiderstand 21
Schleifenbildung 71
Schleifenimpedanz 88
Schmitt-Trigger 61
Schrittgeschwindigkeit 74
Schwerpunktfrequenz 75
Schwingkreis 24
Schwingkreisgüte 25
Schwingungspaketsteuerung 55
Sequenzielle Schaltungen 72
Serienkondensator 79
SI-Basiseinheiten 90
Siebfaktor 33
Siebung RC- 33, 80
Siebung RZ- 33
Siebung, Brummspannung 33
Siebung, HF 80
Siebung, LC- 33, 80
Signalgeneratoren 62
Sinus 5, 9
Sinusgenerator 65
Sourceschaltung 41
Spannungsgegenkopplung 49
Spannungsmesser 86
Spannungsquellen 13
Spannungsteiler 12
Spannungsteiler, Basis- 38
Spannungsteiler, kapazitiver 17
Spannungsverstärkung 39, 46,
Sperrwiderstand 31, 56
Spgsabhängiger Widerstand 35
Spgsrichtige Messmethode 87
Spgstabilisiertes Netzgerät 44
Spitzenwert 9
Spule 5, 19
Spulenschaltungen 20
Spulenverluste 20
Stabilisierungsfaktor 34, 43
Steilheit 40
Sternschaltung 12, 29
Steuerbarer Widerstand 42
Strom-Spannungs-Methode 87
Stromdichte 10
Stromgegenkopplung 49
Strommesser 86
Stromrichtige Messmethode 87
Stromstabilisiertes Netzgerät 44
Stromverstärkung 39
Subtrahierer 52
Subtraktion 67
Summenverstärker 52
Synchronzähler 73

T-Glied 77
Taktfrequenz 74
Tastgrad 9, 58
Teilerverhältnis 73
Temperaturabhängigkeit 15
Temperaturbeiwert 10
Temperaturverhalten 43
Thyristor 54
Tiefpass 26
Transformator 27
Transformatorhauptgleichung 28
Transistor 37
Transistor-Grundschaltungen 38
Transitfrequenz 37,51
Trapez 6
Triac 54
TTL-Technik 57

Übersetzungsverhältnis 27
Übertrager 85
Übertragung in KV-Tafel 71
Übertragungsmaß 76
Übertragungstechnik 76
Umwandlung Reihe in Parallel 24
Umwandlung Stern in Dreieck 12
UND 68, 69, 70

VDR 35
Verdopplerschaltung 32
Verknüpfungszeichen 70
Verkürzungsfaktor 76
Verlustfaktor 16, 20, 24
Verlustleistung 31, 34, 37, 41
Verstärker, Differenz- 50, 52
Verstärker, einstufig 46
Verstärker, Gleichspannungs- 49
Verstärker, HF- 79
Verstärker, invertierender 51
Verstärker, Leistungs- 48
Verstärker, mehrstufig 47
Verstärker, nichtinvertierender 52
Verstärker, Operations- 51
Verstärker, Summen- 52
Verstärker, Wechselspgs- 46
Verstärkung 76
Vertauschungsgesetz 70
Verteilungsgesetz 70
Videoendstufe 81
Videogleichrichter 81
Vieleck 6
Vierpol, passiver 26
Vor-Rück-Verhältnis 82
Vorwiderstand 38

Wärme 30
Wärmemenge 30
Wärmewiderstand 30
Wärmewirkungsgrad 30
Warmwiderstand 10
Wechselspannung 9
Wechselspannungsverstärker 46
Wechselstrom, dreiphasig 29
Wechselstrom, einphasig 29
Wellenausbreitung 77
Wellenlänge 10, 36, 84
Wellenwiderstand 76, 85
Welligkeitsfaktor 54
Werkstoffwerte 93
Wicklung, einlagig 5
Wicklung, mehrlagig 5
Widerstand, magnetischer 18
Widerstand, nichtlinearer 35
Widerstandsänderung 10
Widerstandsmessung 87
Widerstandsschaltungen 11
Wien-Brücken-Generator 65
Wien-Robinson-Brücke 26
Windlastberechnung 82
Windungszahl 24
Winkelgeschwindigkeit 7
Wirkleistung 21, 29
Wirkungsgrad 8, 10
Würfel 7

Z-Diode 34
Zusammenfassungsgesetz 70
Zylinder 7
Zahlensysteme 67
Zweiflankensteuerung 72
Zähler 73
Zählkapazität 73
Zählfrequenz 73
Zeitmultiplexkanal 74
Zeichenrate 74
Zeitmultiplexübertragung 74
Zeitkonstante 15, 19, 52, 53